まちづくりブックレット4

地元コミュニティの水を飲もう

ポストコロナ時代のまちづくりの構想

鳥越　皓之 著

東信堂

「まちづくりブックレット」を手にみんなで考えよう

地域コミュニティとコミュニティ政策について、市民たちが自分ごととして考えていける素材を提供することを目指して、このブックレットシリーズを刊行します。

コミュニティ政策学会は、すでに 2013 年から『コミュニティ政策叢書』を、東信堂のご助力を得て、刊行してきていますが、さらに裾野を広げて、一般の読者にも読みやすく分かりやすいブックレットを考えました。地域住民組織、地域まちづくり、地域福祉、地域民主主義、地域分権、地域のつながりなどなど、地域のことを考える共通の言論の場をつくりたいとの思いから、企画しています。

この小さな冊子を手にとって、ともに考えてみませんか。

2020 年 1 月

コミュニティ政策学会

はじめに

二〇二〇年二月中旬ごろからの我が国でのコロナウイルス感染拡大にともない、三月からは国をあげてのコロナ対策が実施され、私たち国民もその遵守に邁進した。現在でも世界的な感染蔓延は止まず、一方で、コロナが終息した後はそれ以前とかなり異なった社会になるだろうと予想する人たちが増えてきた。

「ポストコロナ社会」という言葉がマスコミなどでも使われるようになってきた。まだ「ポストコロナ社会」に到っていないので、その内容は不明瞭な部分もあるが、そこで言われていることには本書の主張ととても似通っているところがある。

「ポストコロナ社会」の論点の主要な一つとして、新自由主義的な競争による弱肉強食的な発想は終わりをとげ、分散型社会となり、グローバルな視点からローカルな視点への移行が発生するだろうという意見があげられている。この「ポストコロナ社会」の考え方は、本書の序章でも述べている「ポスト近代社会」の一変種である。

本書で提案している「地元コミュニティの水を飲もう」というのは、近代化に遅れた地域の負け惜しみではなくて、人間が本来の幸せと健康を感じる生活空間をつくろうとするものである。ブランドコンサルタントの福田淳さんがポストコロナ時代として「人々が欲しいのは〝モノ〟ではなくて、〝ヒト〟とのコミュニケーション」(『ポストパラダイムシフトできてる?：ポストコロナ時代へ』、Speedy Books)であると指摘しているが、まさに本書で言う「まちづくりの構想」はヒトとのコミュニケーションの復活を意味している。

未だコロナウイルス禍終息の見えない中、あらためて本書の意義に思い至り、それを冒頭に述べておくものである。

二〇二〇年六月

鳥越皓之

目次／地元コミュニティの水を飲もう――ポストコロナ時代のまちづくりの構想

序章　地元の水を飲むとは

1　新しい挑戦

(1)少しカーブを切ってみよう

本書はエコロジーという考え方をもっている社会学者によって書かれている。エコロジーという考え方を、まじめくさくてうさんくさいとみなす人がいる。エコロジーというものはたしかにそのような側面をもつ。

ここでいうエコロジーとはとても単純な定義で、「自然を大切にしよう」というもので、スローガンのようなものである。そのような単純なものであるから、ここでは科学としてのエコロジー（生態学）と区別して、「エコロジー論」とよんでおこう。

エコロジー論は将来を見据えたひとつの思想であり、実践的な政策論である。だれでも知っているように人間はあきらかに自然を破壊しつづけている。それはいつか人間にとんでもないしっぺ返しを食らわすことは、だれでも知っている。ただ、大地震の予想のように、自分が生きている間は、そんなしっぺ返しはないだろうと信じて、日々を安穏として暮らしているのである。

けれどもまた、だれでも少しだけのガマンで自然が大きく破壊されるのを防げるのなら、少しだけはガマンをしてもよいという考え方にも立っている。本書は少しだけガマンをしてもらう政策論の本である。しかしそのガマンの成果はとても大きいものであると信じている。大きな成果のひとつは人びとの健康に利するからである。それは身体的健康に止まらず、心理的健康にもよい。

エコロジー論はひとつの思想である。そしてそれは「近代化はすばらしい」という考え方と異なる立場にある。近代化はたいへん魅力的なものであり、地球上のほとんどすべての人間を魅惑した。近代化にそっぽを向くのは、特殊な宗教を信じている人か変人である、とみなしている人も少なくないだろう。近代化による技術として、自動車や水洗便所のふたつを取り上げただけでも、その便利さはだれでも同意するだろう。そのためにエコロジー論はうさんくさいとみなされるのである。

しかし他方、この近代化の進展にそろそろ疲れを感じ始めた人たちの数が少しずつ増え始めているように思う。あるいは現在の近代化の方向が正しいのかどうか疑問を抱き始めた人もいるのではないか。

そのような疑問の存在は本書の執筆に勇気を与えてくれる。少しばかりの不便が意外と人間の本来の充実した生活なのかもしれないというボンヤリとした反省である。多くの人たちのこの反省がボンヤリとしているので、ひとつの例を出そうと思う。

とてもすばらしい石造りの洗い場をもつ集落がある。かつては夕方になると、農作業後の汗を洗い流す男女が集まったし、飲料水を得る人、食器などを洗う人、洗濯をする人、畑作物を洗う人、水遊びをする子どもたちなどで人が集まり、人が多いために用もないのにそこに来る人も加わり、水場は人びとでにぎわっていた。それも毎日、にぎわっていたのである。そこは若い男女の社交の場でもあると教えてくれた人もいた。

行政の強い要求で水道が引かれた。上水道設置は近代化の代表的な行為である。その結果、そこには今もきれいな自然の湧き水が豊富に流れているが、人の姿はまったくないのである。まだ石組は崩れていないので廃墟とは言えないものの、掃きとられたように、人の姿だけがそこにはないのである。

現在、集落の老人たちは一日中、部屋にこもってテレビを見ている。人と話す機会がなくなって淋しい、淋しいという。集落全体で生活のなかの情報共有の場がなくなったし、若い男女の恋の芽生えの場という役割もなくなった。

水道水が健康的であるとは言いたくないが、殺菌の役割をする塩素を投入しているので少なくとも衛生的である。またなんといっても、体を大きく動かさなくてもすぐに水が蛇口から出てくる便利さは抜群である。この便利に飛びついたのであるが、本当にそれでよかったのだろうか、というのが先ほどのボンヤリとした反省である。

いまさら後もどりはできないものの、現在私たちが選んでいる近代化の道は私たちが本当に望んでいる道なのだろうか。道を後戻りせよとまではいわないが、このまま真っ直ぐに歩まないで、少し右か左にカーブを切る選択をしてもよいのではないだろうか。

カーブを切れば、景色が異なってくる。環境が異なってくる。比喩的にいえば、コンクリートの平らな道を歩むのではなくて、少しでこぼこのある地道を歩もうということである。その方が人間や人間の暮らしに適合しているのではないか。あるいは私がいったカーブの方が、本来の道であって、私たちがいま真っ直ぐと信じている機能合理化を追求する一筋の道が、百年後には誤っていたと反省するかもしれない。

⑵水の有機農業

私はこの健康な水を飲もうという考え方を水の有機農業と名づけてきた[1]。近代農業は化学肥料や化学物質による農薬に大きく依存をしてきた。それは収穫量を増すとともに、虫食いのないきれいな作物を保証したのである。しかしながら、ある時期から健康でおいしい農産物が欲しいという消費者の要望を受け入れて、いわゆる有機農業が注目された。

現在では、有機農業への流れは定着し、あえて有機農業とよばなくても、有機肥料や有機農薬がかなりの割合を占めるようになった。私の「水の有機農業」というのは、全国から上水道システムを廃止しようという実現性のない考えではなくて、地元コミュニティの水が使えるところはなるべく地元の水を使おうという考え方なのである。なるたけ健康でおいしい水を飲もうということで、農作物が近代化を一層進めるのではなくて、できるだけ有機農業の割合を強めていく方向になっているのと同じ考え方である。

ところが困ったことに、農産物のようにはこの変化に対応できないのである。それは、農作物をつくるのは農家という私的な営業活動であるのに対し、水の供給は自治体の水道局という公的な組織で、水の消費者の動向を農家ほどには気を配る必要がないからなのである。水の消費者の希望を無視しているわけではないが、真剣に考えなくてもよい立場なのである。そっぽを向かれて水道局が赤字になっても、自分たちの給料は出る仕組みになっている。そこで第1章で改めてとりあげるが、政府も反省をし、二〇一八年に水道法が改正され、民間企業の参入を認めたが、現状ではそれもうまくいっていない。

⑶ポスト近代への道

さて、このようなでこぼこ道のことを述べると、よくあるように近代はよくないので昔に帰ろう、すなわち近代以前に帰ろうという復古主義のように思われることが多い。そうではない。カーブを切るということは、やはり前進をすることであって、バックすることではない。方向の修正なのである。

近代化への道をまっすぐ進んでさらに純粋と想定している機能合理的な近代化へ邁進しようというのではなくて、近代から近代の後といわれるポスト近代へ向かおうということなのである。

ポスト近代というのは、研究者によっていろんな定義があるが、私は「人間にとっての〝意味〟」を大切にする考え方と理解している。[2] それは人間性の復活であり、機能合理性や能率をもっとも大切なものとみなさない考え方である。[3] 最近耳にすることが多くなったポストコロナも「はしがき」に述べたように、ポスト近代のひとつの表れである。

近代化へのいっそうの邁進と、ポスト近代への道との違いは、少しわかりづらいかと思うので具体的な例で示そう。すでに最近は意識的か無意識的かにかかわらず、ポスト近代の動きが多いので、この種の例には事欠かない。そのため、まったく異なった意外な分野での例も出せる。

ロボット工学者の岡田美智雄さんのロボット研究が最近、注目されている。というのは、岡田さんは〝弱いロボット〟を作っているからである。たとえばゴミ箱ロボットは自分でゴミを拾えない。このロボットは、見た目はゴミ箱そのものでそれがヨタヨタ歩くのである。公園をイメージしてもらえばよいが、そうすると結果的に子どもたちがそこにゴミを投げ入れるのである。また、たんに手をつないで歩くだけのロボットとかである。つまり、発想がロボットをドンドンと進化させようとするのではなくて、人間との関係性を作る方にポイントをおいたロボットなのである（岡田、二〇一七）。

⑷生活のなかの自然

いまエコロジー論といったが、エコロジー論をふたつに分けて、自然そのものを大切にするエコロジー論と生活のなかの自然を大切にするエコロジー論とに分けられる。本書は後者の大切さをいう立場である。[4] 分かりやすい例を述べれば、前者は森や池のある空間をフェンスなどでグルッと囲んで、そこに人間を入れないで、自然を守る方法である。それはしばしばサンクチュアリ（自然保護区）と呼ばれてアメリカでよくみられる手法である。日本でもそれをまねてブナなどの特定の植物、蝶などの特定の動物を守るためにサンクチュアリをつくってきた。それに対して、生活のなかの自然という考えかたは、人間の暮らしのなかに混じって自然があり、それを守ろうという考え方で、子供がトンボや蝶をつかまえても怒らない。

この生活のなかの自然について、少しばかり切り口を変えて考えてみよう。日本政府がもつ将来計画として「超スマート社会（Society 5.0）」がある。これが5.0となっているのは、過去の人間の発展史を狩猟、農耕、工業、情報の四段階のつぎの段階として、超スマート社会を想定している（「内閣府ホームページ」より）からである。この超スマート社会の考え方は経団連がバックで支えており、将来において他国との経済的競合に勝ち抜こうという意図がある。

この「超スマート社会」のサービスプラットフォームとして「地球環境情報プラットフォーム」というのがあり、それがもっとも自然と関係する分野である。そこには気象観測データとか河川流量に基づいたダムの管理、気候変動の影響による洪水被害の分析などが想定されているが（『科学技術白書』p103）、今ここで述べている緑の社会をどう築いていくかというような身近な生活の環境のことは述べられていない。関心は災害を防ぐためのビッグデータの処理法である。それはそれで大切なことではあるが、「生活の中の自然」ということは政府や経団連に考えてもらうものではなくて、結局は生活をしている自分たちで考えていくことになるだろう。すなわち自分たちがしっかりしなければならない。

ただ、身近な生活の中の自然ということでは、地方自治体が大きな役割を果たしつづけてくれている。小川の保全や緑の空間の保全に地方自治体は心をくだいてきた。そのことを評価しつつも、地方自治体は原則論でいえば地元の人びとの暮らしの視点からの政策をとる立場にない。たとえば、先ほどの石組みの水場は目立つほど立派なので、それを自治体（行政）は親水公園にしてしまうのである。「地元の水を使う」という考え方ではなくて、「地元の水を鑑賞する」という方向にいってしまうのである。その理由はひとつには自治体（行政）は予算がないと実行できない（一般の人たちの常識では理解できないことかもしれないが、行政はそれがよいことだと思っても、予算〔お金〕を使わないで計画を立てて実行することはできないのである）。実行するためには、予算（どうお金を使うか）を考える。公園に作り替えるというのは、予算化できるので、実現が可能なのである。「予算に人がつく」という行政システムの性格上、それを維持するためには補助金がつきやすい親水公園になってしまうのである。その具体例を私は「水場の公園化」（鳥越皓之『水と日本人』岩波書店、二〇一二）で示しておいた。

つまり生活のなかに自然を生かしておくのは一般に考えられているよりもむずかしいのである。少しばかり高齢の人ならば、子供の頃の豊かで身近な自然がドンドンと破壊され続けてきた事実を実際に経験されているだろう。小川で魚を捕るという遊びは遠い昔話になり、公園で魚を鑑賞することになってしまった。

2　地元の水を飲む

「地元の水を飲む」というのは、たんに地元で水を飲むことを実現するのではなくて、生活のなかの自然への復帰運動なのである。復帰運動といえば大げさかもしれないので、言い換えれば、復帰させるささやかな活動である。じつは地元の水を飲もうとすれば、地元の水の質をいつも維持する配慮が必要なのである。

そのためには、森林の豊かさを大切に考えたり、川を三面コンクリート（両岸だけではなくて、川底もコンクリート化すること）にする工事をできるだけ避けたり（そうすれば川の水が地下に浸透するから）、農地の農薬の使用量を減少させたりするような配慮が必要になるのである。

もっとその本質をいえば、「地元の水を飲む」というのは、健康運動であるともいえる。よく知られているように、水道水には塩素という化学物質が投入されていて、カルキ臭いという言い方がなされている。これは水道法施行規則一七条三号によって、水道の蛇口から出てくる塩素（それを残留塩素という）が 0.1mg/L 以上になるように塩素消毒をすることが定められているからである。これ自体は悪いわけではない。現在の上水道の供給システムからいえば、このような規定が必要であろう。殺菌をすることにより衛生的な水を得ることができるのである。

ポイントは〝衛生的〟であるのであって、〝健康的〟であるのではないというところにある。この残留塩素は一部の読者は経験されたであろうが髪や肌を痛めている。子どもが水泳教室に通って肌を荒らした例を知っている母親は少なくないだろう。また数字上でしか知られていないのであるが、塩素を投入することにより、水中の有機物と化合してトリハロメタンが発生することが知られている。トリハロメタンは発がん性の物質といわれているが、この発がん性については私の調べた限り、科学者のなかでもさまざまな見解がある。したがって明確な指摘はできないが、私自身は最悪のことを考えて、元東大教授の化学者・中西準子さんの東京の金町モデルを使った一〇万人にひとりがこの物質によってガンを発生させているという指摘に従っている（中西、一九九四）。

(1)次善の選択での地元の水を飲む、地元の水を使う

地元の水を飲むといっても、うちでは湧き水もないし、豊富な水が流れているわけではない、という地区が多いであろう。かつては水道システムがなく、やむなく井戸を使ってそれを飲料水にしていたが、いまさらその井戸を飲料水にする気が起こらないと思う人は少なくないだろう（飲む場合は水質検査をした方がよい）。もっともなことである。そのばあいは「地元の水を使う」でよいと思う。目標への一里塚である。

そのような地区でも、さすが日本であって、さまざまな小流れや溜池があり、それはそれでまちづくりに使って、おもしろい活動ができよう。最近は親水という言葉が市民権を得て、水辺を使ったり、水辺の再発見もある。岐阜県の郡上八幡のように自分たちのまちを「水の博物館」と呼んでいるところもある。

水を飲むということになると、かなり恵まれた地区を除き、近代化の過程で地下水といえども、かなりの汚染を被っている場合がある。浅井戸ではなくて、深井戸（被圧帯水層）からの水を得ることになるだろう。それは二〇メートル以上など、一定の深さになる。それには第2章でとりあげる東川町のような戸別の井戸という方法もあるが、場所によればコミュニティが共通の井戸を得るという方法がよいと思われる。深井戸は水質が

保たれているうえに、ミネラルも豊富であるといわれている。

私はいまから百年も後になれば、いまの水道システムではなくて、地元の水を飲むのが珍しくなくなるだろうと勝手に予想している。それはさらに技術が進歩するのと価値観が変わるからである。ただ、現在、技術は〝進歩中〟なので、実際の選択肢はいくつかあり、いわば次善の選択をせざるをえないこともあるだろう。水を飲むのではなくて、水を使うということで我慢をするのも次善の策として、とてもよいのではないだろうか。

注

1　鳥越皓之「健康でおいしい水を飲む方法」『水の文化』四二号、四―七頁、に詳しい。

2　この考え方を私は社会学者の今田高俊から学んだ（今田、二〇〇五）

3　近代化批判の考え方はつねに存在していたが、それは復古的になりがちであった。それにたいし、科学内在的に批判をしている研究者としては広井良典の仕事（『定常化社会』『人口減少社会という希望』）が目につく。

4　筆者には人間の介入を極力嫌い、自然を守ろうとするエコロジー論に対し、批判的な論を展開してきた経緯がある。そして「自然の奥に生活がある」という言い方で、環境保護運動に人間の生活の視点の導入を考えてきた。その意味でエコロジー論批判ともいえるが、ここでエコロジー論という用語を肯定的に使っているのは、自然保護運動とは異なった文脈であるし、一般的には理解しやすいからである。

参考文献

今田高俊　二〇〇五　『自己組織性と社会』東京大学出版会。
岡田美智雄　二〇一七　『弱いロボットの思考』講談社。
鳥越皓之　二〇一二　「健康でおいしい水を飲む方法」『水の文化』四二号、ミツカン水の文化センター。
中西準子　一九九四　『水の環境戦略』岩波書店。

1 まちづくりという考え方の誕生

1 ボランティアと地元の大切さ

(1)都市計画に住民参加の発想が取り入れられる

現在使われている用語としての「まちづくり」は、〃市民のボランティア活動〃がその中心を占めるという考え方である。なぜこのような言い方をするかというと、行政には「都市計画」とよばれる仕事の分野があり、その歴史は古い。平城京の時代から都市計画があったといってもあながち誤りとはいえないであろう。都市計画をするにあたって、原則的には住民の意見が入れられることはほとんどなかった。

この都市計画に〃住民参加〃という考え方が明確に入ってくるのは、一九七五年前後のころからである。それはコミュニティという用語が日本語として一般化しはじめた時期とほぼ一致している。

地方自治体が依拠する法理からすれば、市町村会議員などの代議制以外のかたちで住民を参加させるにはそれなりの論理構成が必要となってくる。そのため、そのころは、地方自治と住民参加との関係を考えるという論考が目立っていた。松原治郎編『住民参加と自治の革新』(学陽書房、一九七四)、小高剛『住民参加手続きの法理』(有斐閣、一九七七)などがそのころの典型的な一般書である。

ただ、この段階では、住民が地方自治の活動や意見表示に積極的に参加していくことを認めようというものにすぎなかった。それでも行政の地域担当者たちは、地域活性化の呼び水として、住民たちをオーガナイズし、そこにある種の地域組織をつくる努力を重ねつづけた。そのばあい、どの市町村の地域担当者も、他の部局と異なり、上から住民たちを指示するのではなくて、下から住民たちをサポートするという態度を明確にし、その態度は住民たちに好意的に迎えられた。

一九八〇年代に入ると、地域の住民組織の編成に行政は懸命に力を入れていく。その住民組織は一般的呼称として次第にコミュニティと呼ばれることが多くなった。

そしてさらにつぎのような変化がみられた。それまで地方自治体は中学校区単位で地域をとらえていた。それはハードと呼ばれる地域施設をそれぞれの地元でつくるには中学校区という広さなら財政上無理なく執行できる範囲であったからである。中学校区ごとにプールをつくるとか、中学校区ごとに公民館をつくるというような発想だったのである。

ここに「住民参加」というソフトが入ってくる。住民参加のためには住民がフェイス・ツウ・フェイスで、つまりお互いに顔見知りで、相互に話し合えるということが必要となってきた。中学校区では範囲が広すぎたのである。そこで地域政策は中学校区を単位とするものから小学校区を単位とするものに急速に変わっていくことになる。その変化は一九九〇年代に入ると、地方自治体の将来計画である「マスタープラン」に明確に示されるようになってきた。

ただ、中学校区ごとにひとつの施設をつくることは地方自治体としてもそれほどの費用負担ではなかったが、小学校区となるとたいへんである。政令指定都市であって、この住民参加に積極的である神戸市においてさえも、小学校区にひとつずつのハードとしてのセンターという施設をつくったのは二〇一一年に至ってである。

(2) まちづくり協議会の形成

この住民参加という考え方の強化は、住民たちとの話し合いの過程で、次第に住民が中心になって、その地域を自分たちで計画し、つくりかえていくという考え方をもたらした。そして市町村などの地方自治体の全域を想定する都市計画と区別して、それは地域づくり、むらづくり、町づくりなどと多様な呼ばれ方をしたが、最終的には「まちづくり」におちついた。

この小学校区を単位とする組織体は「まちづくり協議会」とよばれることが多く、そこに既存の自治会や婦人会、子供会など、その小学校区にある複数の地域組織が参加する形をとっているのがふつうである。私が長年、つきあってきた神戸市の例でいえば、まちづくりを条例にして定めたのは、一九九〇年のことであった。条例化は先進的なことであったが、「まちづくり協議会」を形成するのは、各地域の自主性にまかされていた(住民の主体性の重視)ために、神戸市の全域に「まちづくり協議会」が形成されていたわけではない。

そのことは近接の伊丹市や宝塚市の「まちづくり協議会」でも同様であった[1]。「市民に平等にサービスを」という自治体職員の業務意識からすれば、地域によって存在したり、存在しなかったりするこのまちづくり協議会は、内心やや困った状況であることを、私は当時の幾人の自治体職員の〝ぼやき〟として聞かされた。この状況が一変するのは、すぐ後にのべる阪神淡路大震災によってであった。

⑶参画と協働

一九九三年に衆参両院が「地方分権改革」のために「分権推進」の決議をおこなった。これは中央政府の権限をなるべく、地方政府（地方自治体）に譲っていこうという決定であり、それは時代の流れとも言えるものであった。当時、県や市の委員会に出席していた私は、知事がこの地方分権改革は、国の権限を県ができるだけ多く受け取るという発想ではなくて、県の権限をまた市町村にできるだけ譲ることだと発言されていたこと、また市の会議では市長がこの分権は市がなんでもするという考え方ではなくて、できるだけ市民のみなさんと共に汗をかくという考え方だと発言されていたことを印象深く覚えている。

このような動向を背景にして「参画と協働」という用語が新しい動向を指す用語と理解されて各地方自治体にひろがっていく。地域のありようを課題とする市の委員会（たとえば「まちづくり検討委員会」など）では、「参画」と「参加」はどう違うのかというようなことが討議された。私などは委員としての立場上、参画には画という字が入っており、それは計画を意味し、計画段階から市民が関与し、また、最終的な決議にも市民が関与すると考えればよいのではないかというようなことを発言したが、後者の市民が決議に関与する件については、行政側はさほど熱意がないようであった。

協働については、この用語が使われはじめた当初、市民相互の協働という意味と、行政と市民との協働の両方があるということが会議ではつねに議論になった。だが、結果的には行政と市民との協働というところに具体的な議論が集中した。また、行政と市民との協働と行政がいうときには、最近の行政予算の減少がこのような考え方を造ったのではないかと、私が出席したどの自治体の会議でも市民委員からの発言があった。そのこと自体はある面で当たっていたけれども、やはり大きくは市民の主体性という流れから出たものであったといえよう。

このような経緯を経て、市民が主体性をもった「まちづくり」となり、一九九五年の阪神淡路大震災を契機としてボランティアという用語がよく使われるようになった結果、〝市民ボランティア活動〟としてのまちづくりが定着していったのである。

⑷ふたつの大震災の影響

阪神淡路大震災(一九九五年)と東日本大震災(二〇一一年)というふたつの大震災はじつはまちづくりにも多大の影響を与えている。

阪神淡路大震災は、国民の間にボランティアという考え方が浸透したという意味で、その年をボランティア元年とも呼べる。実際、その当時の新聞記事にもこの種の表現が見られた。この震災の被災者であるとともに、行政の震災対策に当初から関わってきた私自身はその渦中にいたので、とりわけ行政の地域担当者たちの驚きをいまでもはっきり覚えている。

それまではボランティアといえば、福祉関係のボランティアが主流で、中年の女性が主力であった。それがこの大震災がはじまるや、老若男女を問わず、とても多くの人たちがボランティアとして立ち上がったのである。それは地元の人たちだけではなくて、不通になっている電車の線路上を歩きながら、人びとが続々と現地にボランティアとしてかけつけてきたのである。新聞紙上では、役に立たない人もボランティアとして来ているので迷惑であるというような記事が出たし、また地元の被災者でそのような発言をした人もいただろう。けれども、私の個人的感想としては、ただ横に立ってくれるだけで、それだけで心の支えになったし、たいへんうれしかったものである。声をかけていただいただけで、涙ぐみそうになったこともある。

当時、私の勤務していた大学で、推計でおよそ二千人の学生が路頭に迷った。かれらにとりあえず故郷に帰るようにとうながしたが、かれらのうちのかなりの者たちがボランティアとして残った。若者たちはトイレのために土に穴を掘るというような重労働も苦にならなかったようである。

このときにまちづくり協議会がある地域とない地域では、結果的に援助サービスの質が異なった。その差異は明確であった。すなわち、行政と住民との連携ときずなの強さ、住民相互の認知度の違いが、被災者住民へのサービスの違いとして出てしまったのである。地元新聞もその差異を批判的に述べないで、事実として差異あることを強く指摘した。そのため、まちづくり協議会を形成できていなかった地域も急いで、自分たちで組織化をおこなったのである。

阪神淡路大震災が私たちの社会に、ボランティアが本格的に根付く契機を与えた。それが阪神淡路大震災の特徴とすれば、つぎの東日本大震災は、地域社会に住む人びとに新しい価値観を根付かせたといえる。すなわち、東日本での大地震と津波は私たち日本人の考え方に大きな影響を与えた。原発に象徴されるような「高度技術・複雑なシステム」という〝最先端〟といわれるものが、はたして私たち人間の幸せにとって、唯一の正しい方向であったのかといえば、そうではないだろうという考え方が一層ひろまったのだ。

まちづくりに関しても、それはいつも方向性を手探りしながら進んでいることもあって、影響が大であったといえる。もともとまちづくりに携わっている人たちは、地域に根付いている人が多く、高度技術・複雑システムという地域の実情から離れた抽象的存在をうさんくさいとみなす性向があったが、それが今回の大震災でほとんど信念に近くなってしまったようにみうけられる。私たちの泥臭い活動の方が本物であったというような信念である。エネルギーでいえば、そのような人たちは太陽光発電や風力発電、小水力発電などのような自然エネルギーの方が好きになっている。

私は震災後、幾人かの市町村の首長さんと直接お会いして話をする機会があったが、首長さんたちも、まちづくり活動をしている地域の住民の人たちと同じように、震災の影響が自分たち自治体の今後の地域計画に大きな影響を与えたという言い方をする人たちが多かったのである。早速、マスタープラン（自治体の地域計画）を書き換えると断言した首長さんも複数おられた。

さて、このように「まちづくり」というものが、現在までどのようにして形成され、どのような位置にあるかということをまがりなりにも紹介したうえで、本書の絞られたテーマをここで示しておきたい。

たしかに震災後のあたらしいまちづくりの方向を考えようとするときに、一般論として広く論じるのもひとつの方法だろうが、本書では「水にかかわるまちづくり」でそれを考えてみることにする。私自身、長く環境とかかわって水を勉強してきたこともあるが、なによりも水というものが、どの地域社会にとっても、もっとも基本的な地域資源であり、水とかかわらない地域は存在しない。遠い昔のことであるが、ある場所に人びとが居住し村が成立するには、ほとんどのばあい、そこで豊富な水が入手できたからである。また大きな都市が成立するのは、すぐ近くに大きな河川があるからである。地域生活を水という側面から切り取ってみることがいろいろなヒントを与えてくれると思う。そのヒントを共有しながら、私なりの政策提言もしてみたいと考えている。

2　湧き水と上水道システム

(1)飲み水を得る方法

私たち日本人は長い間、川の水と井戸・湧き水とに依存してきた。井戸・湧き水や川から水を飲み、それらの水辺で洗濯をしたり、農作物や馬を洗ったりもした。古代・中世にみられる初期の井戸と湧き水との区別はむずかしい。湧き水（清水）の池も少し掘り広げられたし、初期の井戸はとても浅い井戸であったからである。明治の三〇年代になって、上総掘《かずさぼ》りというかなり地中深くまで掘れる手法が各地に広がり、私たちがよく知っているかたちの井戸が登場することになった。そして現在も井戸を使っている人たちは、電動ポンプで水を汲み上げる方式を用いている。

湧き水は地下水が湧き出たところのものであり、井戸は地下水そのものである。それに対して、川の水は表流水という言い方をする。現在の上水道システムでは、大きな川の水やダムに溜めた水という表流水を利用する割合が高いが、一方で、熊本市が典型であるような、地下水を利用する上水道システムもある。水道事業は補助金の関係で、規模の大きい水道を上水道といい（供給人口 五、〇〇一人以上）、小さな規模のものを簡易水道とよんでいる。実際には簡易水道の平均給水人口は七二〇人ほどである。

いわゆる高度技術と複雑なシステムをもっているのは上水道である。イメージ的にいえば、遠くにダムをつくり、太い導管を通じて、大都市などにその水を供給するというものであるが、途中で沈砂池や薬品沈殿池を経由し、その前後に二〜三回塩素を投入して殺菌・殺藻をしている。また、遠くの水を各家庭に届ける必要があることから、かなりの水圧をかけている。

わが国の上水道は飲むことが可能だ。もともとの水質が悪くないのと、技術の高さがあるからである。ただ、塩素投入によるトリハロメタンという発がん性物質の発生、また配水管の鉛害について危険性もしばしば指摘されている。一般にいわれている表現を用いれば「水道水はうまくない」、また衛生的だが「健康的でない」ということになる。その結果、水道水の二千倍もする値段のペットボトルの水が買われているのが現状である。

広島県福山市の上下水道局が調査したところによると、人口四七万人の福山市では、水道水をそのまま飲んでいる人は一割五分程度だった。その理由は、「安全性に不安があるから」(一七・八%)、「おいしくないから」(二〇・一%)、「臭いや味が気になるから」(二七・二%)、「ミネラルウォータやジュースを飲むから」(二五・四%)であった。この数値は他の多くの地域の一般的な理解と変わらない(『福山市上下水道市民意識調査報告書』、二〇一三)。

(2)上水道の水源の汚染と水道経営の赤字

このようにおいしさや健康の問題があるほかに、じつは、それよりももっと基本的な課題に上水道は直面している。それはふたつあり、ひとつは水源の汚染、もうひとつは水道経営の赤字である。

少し前のことであるが、外国人による森林の買収がなんどかマスコミにとりあげられた。とくにそれが中国人によることが多かったので、感情的なものもあったろう。だが感情的なものであれ、森林の買収の問題は深刻に考えてよい。現在、森林の価格が安いため、広大な面積が購入されてしまい、その利用として、産業廃棄物処理場やゴルフ場など水源を汚染する要因には事欠かないのだ。加えて、一般にイメージされている水源ほど奥でないとしても、森林の出口あたりから人は住んでおり、そこからの生活水や農薬による汚染がある。産

写真1　うまいし健康だと言って湧き水を求める人たち（長野県小諸市）

業廃棄物処理場やゴルフ場はいわば点の汚染地であるので特定しやすい。それに対して、農畜産地や宅地などから出る汚染は場所が多いために浅く広くという意味で面的な汚染であるといえる。これら宅地・農畜産地を加えた水源の汚染は、どう食い止めたらよいのであろうか。

つぎに、経営の赤字は、水道事業体の多くが「公的」「私企業」という矛盾した組織になっていることが根本的な原因である。厳密に表現すると、独立採算制による企業会計方式の地方公営企業なのである。公的なことを要求されながら、私企業的経営努力を強いられるという難しい舵取りを水道事業体（地方自治体の水道局）はおしつけられている。

その結果、多くの事業体がかなり深刻な赤字を蓄積している。先にあげた福山市上下水道局は市民に目を向けつつ経営に努力するすぐれた事業体の印象をもつが、そこでも年間三五億円ほどの赤字を出している。それを解決するためには、多くの水を使ってもらう必要があるわけだが、それは水の浪費を意味するので、社会通念に反する。
このあたりの苦しさを、たとえば横浜市水道局ではつぎのように表現している。「お客さまの節水意識の高まりや節水型水使用機器の普及、企業のコスト削減努力に加えて、震災の影響なども見込まれることから、今後も減収傾向は続くものと思われ、より厳しい事業経営が求められます」（横浜市水道局ホームページから）。この減収傾向を逆に向けようとすると、社会的批判を受ける可能性があるのである。

⑶二人の現場職員の発言

このような問題点について現場で仕事に携わるふたりの発言を紹介しよう。ひとりは東京都墨田区の担当職員。かれはいう。「現場の人は良質の上水（水道水）を作ろうと頑張っているのだけれど、縦割り行政で視野が狭いために技術面だけに深入りしがちです。塩素をいっぱい入れたり、活性炭を大量に使ったりしていました。一生懸命やればやるほど、技術の悪循環に陥っているのです。しかし、いくら頑張ってもカビ臭が取れない。それで、取水している川の水を見に行ってこの水を飲んでいるのかと、大変なショックを受けたのです。これではいくら浄水場が頑張ってもきれいになるはずはない」。

もうひとりは東京都の職員。「水道法という法律は、低廉・清浄・豊富、つまり市民が欲しいという量をできるだけ安い値段で安全に供給することを第一条で謳っています。そうなると、現場の人間は自分たちで全部責任を負わねばならないから、臭い水もきれいにします。金町浄水場は化学コンビナートのようですよ。水の浄化の基本は、沈殿、濾過、消毒です。しかし、ここではこれらの処理に加えて、生物処理、活性炭処理、オゾン処理などの高度浄水処理を取り入れており、大変な費用と無駄な手間をかけています。外の人間は、そういうことはわからないわけですよ。市民はわからないまま、自ら高い税金を払い、このような水をきれいにしろと、行政を追求してばかりいたのです」(ともに『水の文化』一七号、一〇―一二頁から引用)。

そのようなこともあって、つねに水道民営化の議論がありつづけ、二〇一八年一二月に水道法改正案が衆議院で可決された。それは民間企業による水道施設の運営を可能とする改正案である。ここではその内容を述べることを控えるが、その時点の新聞報道をにぎわしたように、民間企業参入はむずかしい課題が山積している。

⑷課題の解決法

これらの課題を解決するにはどうすればよいのであろうか。私は上水道を相対化すればよいと思っている。水の不足地域や水質の悪いところ、人口が過度に集中しているところなどがわが国にかなりあり、そこには上水道のサービスが不可欠であろう。けれども、わが国全体を上水道の使用率ではなくて、地理的範域でみてみると、かなりの広い範域で、現在でも井戸や簡易水道が使われていることが分かる。それらが「遅れた施設ではなくて、健全な施設である」という認識をもつことが、今後の政策のありようを左右する。高度に技術化された上水道システムだけが望ましい水を得る方法だという考え方は捨てた方がよい。上水道はキチンと殺菌がされて衛生的ではあるが、他方、「健康的でおいしい水」という発想もあってよいのではないか。

コレラの大流行を受けて、一八八六(明治一九)年に、わが国で水道創設の事業が開始された。すなわち、上水道はコレラ、赤痢、チフスという病気を避けるために〝衛生〟にポイントをおいて設置されたものである。学校や保健所などを使っての衛生システムも整備され、それから百年以上が経過した現在においては、国民は関心を〝健康〟にシフトさせている。このあたりも勘案すべきであろう。

このような考え方の変化は、先ほど述べたように、とりわけ震災後に強くなった。高度技術に対する信頼の低下ということがひとつと、もうひとつは災害対策上である。私は阪神淡路大震災の被災者だが、いちばん初めに困ったのは飲み水であった。幸い、神戸を含めた阪神地域は背後に六甲山系がひかえていたために、山中の清い小流れに私たちは飲料水を求めることができた。被災地が市内に山のない大阪でなくてよかったと思っている。

日本の各地の湧き水には、水を求めて人が集まっている。それはうまい水であるからである。利用する人に聞いてみると、コーヒーや水割りのとき、また料理でも味が全然違うという言い方をしていた。ところが、先に見たような水道事業の赤字化を防ぐために、井戸や湧き水を止めて水道水に切り替えるようにと、水道局の担当者が井戸水を使っている家庭をしょっちゅう

写真２　湧き水の水辺で魚を調理する地元の人（長崎県島原市浜の川）

訪問している地域がたいへん多い。そして住民は、役所にお世話になっているという気持ちから安易にそれにしたがっている。

だがとても大きな問題点として意識しなければならないことがある。それは、遠くのダムや大河川の水を使っている地域では、地元の地域の水の環境に関心がなくなるという事実である。自分が住んでいるその「地元が水源」になっていると、そこでは水の質を守ろうとして、ゴルフ場や農地の農薬に神経質になるし、住民は生活排水に対しても注意深くなる。また、地元の行政は下水道の水漏れに注意深くなるし、経営として水を使ってもらう必要がないわけだから、真剣に節水をよびかけるとともに、水量を保証するために森林保護に熱心になるのである。このような行為のすべてが水質と水量を保証することになる。だが現在は、まったく逆のベクトルが働いており、それが大きな問題なのである。

(5)湧き水・清水をまちづくりに使う

自分たちのまちの清らかなせせらぎを軸にしてまちづくりを行っている自治体は少なくない。たとえば第6章で改めて詳しく取り上げるが、長崎県島原市の活動などは目立ったものである。一九七八年に市内の新町町内会がまちづくりのために小流れに鯉を放流したことが契機となって、そこはいまでは鯉の泳ぐ地区として有名である。湧き水の豊富なこの市では、市内のいたるところで湧き水が飲めるように配慮されており、観光客も楽しめる。そのなかでも、船津地区の浜の川という湧き水は印象的である。私たちの研究室(早稲田大学)でおこなった調査では、一日に一二九人の地元の人がこの湧き水を飲み水や洗い場として利用していたことが分かった。現在の日本で、ほとんどの湧き水や小流れを使った洗い場が親水公園[2]になったり消滅したりしているなかで、生活水としてこれほど多数の人に使われているのは驚きである。

もちろん、この地区にも上水道が設置されている。けれども、湧き水の水の方がおいしいし、そこで洗うと着たときに衣類の感触が違うし、近所のいろんな人と話ができるし、と上水道と比べての利点を地元の人が私たちに話してくれた。

町内会がこの湧き水を管理している。この浜の川のように町内会（自治会）が基本となって、それに地元のNPOや行政が支援をするという形のものがわが国では多い。これは水が本来、地元の生活水であったために、町内や村（集落）が責任をもってきたという歴史と関係していよう。

それにたいし、滋賀県高島市針江のように、地元密着型のNPOをたちあげ、水保全活動の主体となっているところもある。針江は農村集落であり、針江に限らず、琵琶湖周辺の村落には、集落内の小流れを生活水として利用してきた伝統があ

写真３　カバタの内側、左に屑を食べる鯉がみえる（滋賀県高島市針江）

る。このあたりではカバタ（川端）といって、小流れの上に台所をつくる。台所の足下にはつねに清らかな水があるという仕組みである。この集落では「針江―生水《しょうず》の郷委員会」というＮＰＯが中心となって活動をしている。集落に入ると、委員会の受付があり、そこで手続きをとるとガイドが案内をしてくれる。年間に七千人の見学者（観光客）がここを訪れているのである。そして、そのパンフレットには「川には魚、田んぼにはおたまじゃくし、そういった環境の中で、人と水、生き物がうまく共存しています。それが琵琶湖を守り、人々の豊かな心につながります」と記されている。

⑹上水道を意図的につくらない自治体

私たちがいま、水を対象として、あたらしいまちづくりの方向を探ろうとするとき、右記のようなさまざまな活動をつうじて、上水道システムを相対化できる方途をみつけだすことが可能なように思う。ただ、水のばあい、それが公的な性格をもつので、問題となるのは行政（自治体）の姿勢である。わが国には上水道を百パーセントもっていない自治体が三つあるといわれている。それは北海道東川町、福島県川内村、熊本県嘉島町である。また、上水道システムにほとんど頼らない自治体も存在する。次章ではそのうちのひとつ、北海道東川町を丁寧にとりあげ、そこでのまちづくりを考えてみたい。

注

1 宝塚市においては田中義岳（二〇〇三、二〇一九）に詳しい。

2 この「親水公園」は、文字通り、水に親しむ公園だから、よい考え方のように思われるが、現地を歩いてみると、多くのばあい、これはしばしばとんでもない問題点を内包していることが少なくない。この問題は鳥越皓之「水場の公園化」(『水と日本人』岩波書店、二〇一二所収)でとりあげた。

参考文献

小高剛　一九七七『住民参加手続きの法理』有斐閣。
田中義岳　二〇〇三『市民自治のコミュニティをつくろう』ぎょうせい。
田中義岳　二〇一九『地域のガバナンスと自治』東信堂。
福山市上下水道局　二〇一三『福山市上下水道市民意識調査報告書』。
松原治郎編　一九七四『住民参加と自治の革新』学陽書房。
村瀬誠他　二〇〇四『水の文化』一七号、ミツカン水の文化センター。

2

うまくて健康な水を育む
——北海道上川郡東川町

(1)水道を設置しない

上水道も簡易水道も設置していない自治体は、日本に三つあるといわれている。北海道上川郡東川町もそのひとつ。他のふたつは前章に述べたように福島県と熊本県にある。

札幌から内陸部に向かって特急で一時間二〇分の距離に中核都市・旭川市があり、東川町はそれに隣接している。明治三〇(一八九七)年に当時の旭川村から分立した。人口は八三八二人で、三九五〇世帯(二〇一八年一二月)の町である。近年は町長の積極的な姿勢が反映してか、人口がゆるやかな増大傾向にある。

大雪山国立公園の最高峰である旭岳(二二九一メートル)はこの東川町に属し、はじめて私が訪問した八月下旬、市街地から離れると、たわわに実った黄金色の田んぼの向こうに青い山々の嶺を見渡せる風景があった。用水の水は白いしぶきをあげ、音をたてて流れていた。

ある業界新聞が「東川町は上水道の整備が完全ではないが」と書いていたが、この表現は不適切なように思われた。予算や技術的な問題で上水道整備が滞っているのならば、このような表現でもよいだろう。だが東川町には、上水道はいうに及ばず、簡易水道も設置する意図がないのだ。その理由はそれぞれの住民の家の下には豊富な伏流水があり、そこを掘れば、水が湧き出てくるからである。

イメージ的にいえば、伝統的にみられた井戸の汲み上げに近い手法を使っている。日本の各地で井戸を使用している家は現在でもめずらしくないが、その井戸水はかつてはつるべや手動ポンプなど人力で汲み上げていた。それが今はほとんど電動のポンプで汲み上げている。東川町では同じ井戸といっても既存の井戸とは穴の直径が大きく異なり、径三二ミリのパイプを打ち込み、電動ポンプで水を汲み上げている。それをほとんどすべての家が行っている。数軒だけ、例外的に湧き水をそのまま使っている家がある。

住宅地の下に豊富な伏流水がある地域は日本の各所にある。有名な例としては序章でもとりあげた滋賀県高島市針江集落がそうである。針江は一七〇世帯の集落である。針江には自然の湧水もあるが、少し掘り下げてパイプを通すと、どこからでも水が湧き出てくるのである。カバタでこの湧き出てくる水を使って食事の支度や洗濯をしている。針江ではその水を「生水《しょうず》」と呼んでいた。

針江生水の郷委員会は「多くの人々にこの〝生水の郷〟を学びの場として、生水、〝生きた水〟を実感していただきたいと考えています」という。まさにこのような水は、「生きた水」の感があり、この種の湧き水や地下水を利用する人たちはどこでも自分たちの水は「うまい水」であるという。針江の属する高島市では、行政が上水道を設置するのに熱心なことから、上水道システムとこのカバタでの湧水が併存している。

「行政が上水道をつけるようにうるさく言ってくる」と地元で言っていた。住民は飲用など台所での利用はカバタの水を使う。一方、水圧の必要な車の洗車などでは上水道を使うようにしている。地下水（井戸）や湧き水を使っている地域に、行政がかなり強制的に上水道システムを設置していくという構図は現在の日本各地でよくみられる現象であり、針江でもそうなのである。

ところが東川町では、行政自身が上水道をつくる気持ちをまったく持っていない。それは怠慢からではなくて、地下水に誇りをもっているからである。役場の人たちは一日に六千トンのミネラル水が湧き出ていると誇らしげに言っていた。水を使っている地元の人たちも、もちろん「おいしい水ですよ」と異口同音に言う。

その誇りの気持ちはつぎの町のブログに表れている。

「北海道のほぼ中央に位置し、大雪山国立公園の麓にある人口約七、八〇〇人の小さな町。そんな東川町は、実は全国的にも珍しい、北海道でも唯一の、上水道の無い町です。その秘密は、大雪山の大自然が蓄えた雪解け水が、長い年月をかけてゆっくりと地中深くにしみ込み、ゆっくりと東川町へ大切に運ばれてくるからなのです。大自然の恵みを、東川町の住民がおすそ分けしてもらっているわけです。東川町で暮らす人たちは、生活水として利用しており、天然の美味しい水で育ったお米や野菜は格別です。また、豆腐や味噌など東川町の地下水を惜しみなく使い、本物の味を追求した加工品や、飲食店でも水の恩恵を受けています」。

大自然の恵みを自分たち住民がおすそ分けしてもらっているという表現が印象的である。

⑵おいしくて、体によい水

各家での個別給水の水は各家のものである。他方、市街地を離れた旭岳の麓に「大雪旭岳原水」（写真1）と呼ばれる湧き水がある。健康と水質との関係を調べている医学者の藤田紘一郎によると、心筋梗塞や脳梗塞などの予防として、カルシウムとマグネシウムの濃度が二対一というのが望ましいのだが、ここの水はそれに近

写真１　大雪旭岳の原水

いという。そこで藤田はこの水を長寿の水とよんでいる。事実、人口に占める一〇〇歳以上の比率で全国二位を記録したこともあるという（藤田紘一郎、二〇一〇）。

そのためもあろうか、この水を求めて旭川市を中心に町外の人が多数訪れている。聞いてみるとおいしいし、体によいからだという答えがもっとも多かった。**写真2**にみるように、ひとりが十数本の大きなペットボトルに水を入れている。これで一ヵ月ほどの量だそうである。常温で置いておいて問題がないといっていた。またあるバーの経営者がこの水で氷をつくってアルコールを出したところお客さんが、今日はとてもうまいね、といってくれたので、ここの水を使っているといっていた。

ここはかなり郊外の山の麓であるが、東川町の住宅地では、現在は一〇数メートルから二〇メートルボーリングをして水を得ている。ボーリングは個人負担である。役場はつぎのようにいう。「生活用水は、各戸が自己責任において地下水を確保して利用頂いています。東川町が推奨する一般的なボーリングの深さは一八m以上ですが、地層の状況によってお住まいの地域でボーリングの深さや水質が異なります。飲料水として適合する水質となるよう正しい給水施設工事を行ってください」(「移住・定住情報ファイル」東川町)。

地元の工事を請け負う業者によると、浅井戸用の電動ポンプ代がおおよそ一〇万円、ボーリングは、一メートルあたりおよそ一万五千円の費用がかかるとのことである。一〇メートルも掘れば十分という人もいるが、人によると将来の地下水位の下降を懸念して二十五メートルほども掘る人もいるという。役場では町が推薦する深さは二十四メートルだといっている。かなりの深さであるが、帯水層に突き当たると水圧で、実際は地下五〜六メートルのところまで水位が上がってくるものだと関係者はいっていた。「東川町給水施設標準図」では、三〜七メートルを自然水位としている。なおこの「標準図」は、町民用に東川町役場が作成したものである。**図2—1**はこの「標準図」を使って、それを分かりやすいように簡素化して図を書き直したものである。

写真2　大量に水を持って帰る

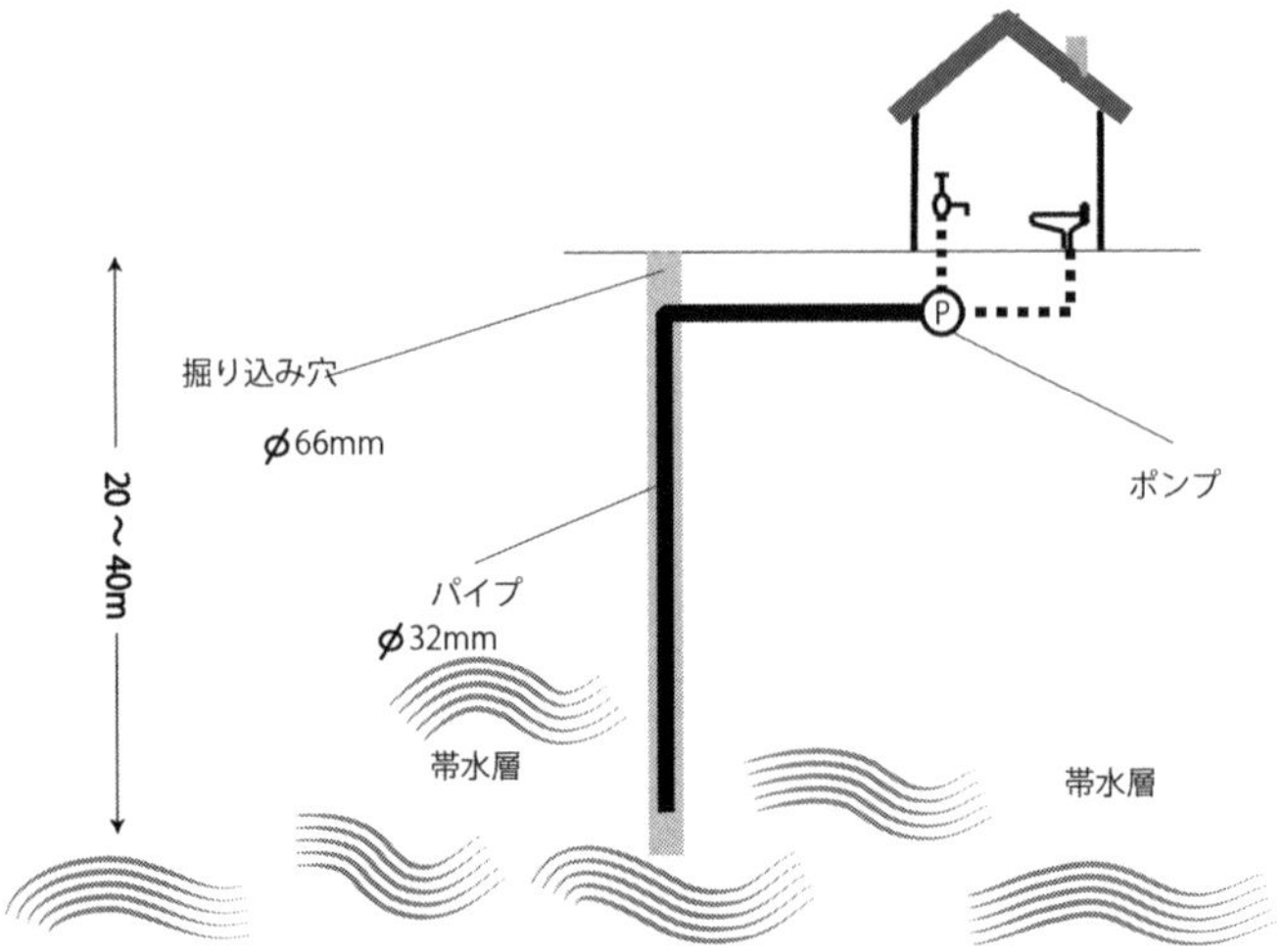

図2―1　給水の方法

出典；「東川町給水施設標準図」（東川町）。それを簡素に図式化。

ただ、ボーリングをしてもたまには水が出ない場所もあるし、水に恵まれないこともある。そこで改めてボーリングをするときは、役場では補助金を出すようにしている。「おいしい水給水施設整備事業補助金」というものが交付要綱として決められており、最大六〇万円までの補助をする。役場では毎年、およそ五〇〇万円の予算を組んでいるがそれが足りなくなったことはないという。

東日本大震災もそうであったが、震災による断水はよく知られている。貯水池からの導管が途中、各所で切れるからである。その点、家の敷地の水を得るのだから断水はないだろう、それが長所であると思っていた。だがその長所はあるものの、同時に短所もあることを教えられた。

このような汲み上げ式は、電気のモータを使うので、断水が起こることがあるのである。東川町の住民の個人のブログでこんなのがあった。「今回私も初めて知ったのですが、アパート一軒ごと、一戸建て一軒ごとに、全部井戸を持っていて、ポンプで汲み上げています。そのポンプを動かすのが電気なので、停電で断水になるのです。今日のは、落雷でポンプのヒューズが全部飛んだと言ってました。落雷があったのが、一五：三〇頃、水道が直ったのが一九時頃でした。水は本当に美味しいんですが、びっくりでした東川町」。

ただ、数年前に台風時に大きな木が送電線を傷めつけ、比較的長時間の停電があったので、役場は東川町内を五つに分けたコミュニティごとに軽油による発電機をつけたポンプを設置しており、災害などなんらかの理由により、長期停電した場合の対応をしている。また、手押しポンプもいくつか設置されている。

⑶住みよい町

「上水道を設置していない町」というとき、日本の各地で湧き水を守るＮＰＯの運動があるので、ここでも水を守るＮＰＯがあると想定していた。実際はそのような組織は存在していなくて、住民は水についてそんなに関心がないようであった。

今から五〇年ほど前にさかのぼってみると、そのころは東川町では手押しポンプの井戸を使用しており、それは上水道がまだ設置されていない日本の他の多くの地域と同様であった。都市を中心にして全国的に上水道の設置がすすむなかで、やや遅れた地域ともいえるものであった。それが時代の変化が意識を変えさせて、このポンプ井戸があらたに注目されるようになってきたのである。

町長は「後ろを走っていたのがいつの間にかトップランナーになってしまった」と述懐していた。とくに努力したわけではなくて、そうなってしまったのである。世の中の健康志向がトップランナーにさせてしまったのである。

住民も同じような感覚であろう。そのため、水についての大きな不満が起こることがなく、結果として現状に満足しているので、水についてのNPOなどの運動もないし、自治会(町内会)もとくに水の保全について活動をしていない。

(4)町役場の活躍

東川町には比較的安定した自治会組織がある。東川町域を五地域に分けた自治振興会があり、その下に五六の行政区(地元ではこの行政区を町内会と理解している)がある。町役場と連携をとりつつ日本の各地にみられるのと同様の堅実な自治会活動をしている。地区によると、とても盛んな自治会活動、たとえば盆踊りや花壇の手入れなどをしており、他方では活動があまり活発ではない地区もあるという。

住民の人たちに聞いてみると、「東川町はとても住みよい町だ」という。そういうとき、住民自身の活動によってそれが獲得され維持されているという理解よりも、役場がいろいろしてくれているという理解となっている。たとえば保育所と幼稚園を同じ敷地内に設置して「幼児センター」として統合し、両者を隔てる親の不便を解消したり、子どもが産まれるとその子に町が椅子をプレゼントしてくれる心づかいを感謝するような発言である。

保育所と幼稚園は厚生労働省と文部科学省と管轄が異なる。そのことがまったく別の組織となってしまうゆえんであるが、逆に利用者である親からしてみれば、両者が一緒の場所にあるととても便利である。英断といえよう。

子どもの椅子とは、旭川大学の協力による「君の椅子」プロジェクトによるもので、生まれてきた子どもが一歳の誕生日にかわいくてデザインのよい椅子が町からもらえるのである。毎年、あたらしいデザイナーによって制作され、作り手は地元の旭川家具の職人に限定している。

また、この誕生時だけでなく、中学生が卒業するときにも本人が学校で使っていた椅子をプレゼントするようにしている。中学に入学すると、町が教室で使う本人の椅子と机を用意する。それは旭川にある東海大学芸術工学部の先生がデザインした工芸作品ともいえる立派なもので、金額的には一〇万円ほどするという。町が町内にある木工のいくつかの会社に順繰りで注文をするのである。木工家具で有名な旭川市の文化圏内にある東川町は木工を主要な産業として育成しており、これらの活動はその一環ともいえる。

高齢者に対するデー・サービスや「高齢者事業団」が仕事を見つけてくれるサービスも高齢者の「籠もりっきり」を避けられるような配慮をしており、住民の間でその評価が高い。そのため、住民からの聞き取りでも、確かに水がうまくて空気がきれいだが、移住してきた動機は必ずしも水だけではなくて、役場によるこのようなサービスがよいという評判が大きかったという人もいる。

このような役場の姿勢、また逆に、一概に悪いとは決めつけられないが、住民の役場依存はどのようにして生じたのだろうか。聞き取りでもたんに一代の首長の施策ではないことが分かっている。この東川町の歴史から考える必要があろう。

⑸入植期からの水利用と生活

明治二〇年代、現在の東川町にあたる場所は、旭川村字忠別原野と呼ばれていた。「背丈以上の熊笹や雑草の生い茂る大地で、人間はひとりも住んでいなかった」(『郷土史ふるさと東川』Ⅰ、二八一頁)という。そこに明治二七（一八九四）年に入植がはじまったのである。香川県人と富山県人が多い。当時の記録によると、徒歩で滝川から旭川を経て東川町に至っている。現在、滝川から旭川まで特急で三〇分、旭川から東川町まで車で三〇分の距離である。

「徒歩の移住は疲労困憊の連続であり、人語に絶する忍耐の強行軍であった」と記している。かれらの移住は、屯田兵や官の助成保護による移住ではなくて、自主的移住である団体移住であった。団体移住は困難がともなったが、そのためもあってか「精神的なまとまりが強く、お互いに助け合い、困難を克服して成功し、自作農となって定住率も高かった」（同、二九三頁）という。開拓した土地にはアワ、ソバ、ムギ、マメ、ジャガイモ、トウモロコシなどが植えられた。入植して五年ほど経って、水利の便のよいところで水稲栽培が実績をあげはじめた。

現在の東川町のイメージと異なり、水には苦労した人がかなりいたようである。「入植時は水の無いことで苦労をした人も多かった。初めは水の有る場所を選んで拝み小屋（仮小屋、手を合わせるように屋根を合わせたのでこの呼び名がある）を建てて生活していたが、大変不便なので次第に井戸を掘って利用するようになった。そのころ、井戸水の出そうな場所を探し当てる『水相』を見る人が回ってきた」という。（同、三〇四頁）

この東川の原野は谷地川が多かった。谷地川とは山の谷の間からしみ出てくる水を源流とする川のことである。夏期とその前後は、谷地川の水を飲用や洗濯などの生活水として利用し、冬になって水が涸れると雪を溶かして生活水とした。生活水は不足することがしばしばで、洗顔や足のすすぎなどのためには屋根の雨水も利用したという。これは一般には天水利用と呼ばれているが、それはつい最近まで、水が不足する離島などで利用された方法である（最近では東京などの都市で雨水利用プロジェクトなどが発足しはじめ、天水利用が最新の考え方という理解が生じつつある）。

その後、生活水は川水利用から井戸水利用へと移行する。井戸の使用開始時期は明確には示せない。一〜二メートルほど湧き水を掘り下げたものもわが国では井戸と呼ぶからである。それなら、この地域でもかなり早い時期にあったからである。つぎの引用文の井戸はいわゆる深井戸である。

「水の確保に井戸掘りを始めたが、簡単なものではなく、かなりの日数が必要であって、個々には掘れないため、共同作業によって掘られたものが多い。早い人で明治三〇年代といわれ、一般には明治末期から大正にはいってからという」（同、三七〇頁）。この記述からそれは、一〇メートルは簡単に掘れる鉄棒式か上総掘りの井戸を意味している可能性が高い。したがって、明治三〇年代以前にも深井戸があったと想定される。ともあれ、東川では「井戸の無い所に娘を嫁にやれぬ」（同、三六九頁）とまで言われた。井戸がないと、天秤や手桶を使って、遠くから水を運ばなければならなかったからである。井戸は当時の他の地方と同様につるべ井戸や滑車井戸であった。

大正一〇（一九二一）年ころから、「打ち込みポンプ」が登場する。それはもちろん、手動によるポンプであって、電動モータによるものではない。この「打ち込みポンプ」は、「長さが一二尺（約三・六メートル）の鉄管を打ち込んだものであり、当時としてはこれでよかったが、現在は住宅地の密集により、先に述べたように二〇メートル以上の打ち込みが標準となっている。ともあれ、この手動式の打ち込みポンプが次第に普及していくのである。

また、東川は良材の繁茂する地帯である。そのため農業以外に、この小さな村に、明治の末期から大正時代にかけて、木材を利用するマッチ工場を含めると七つも木材工場があった（『郷土史ふるさと東川』Ⅱ、三〇〜三二頁）。これらは廃れるが、この木材工場の伝統が現在の木工業の盛んな町のさきがけともなったといえる。電気が東川に入ってくるのが、大正六、七(一九一七、一九一八)年であり、全戸に行きわたるのが、昭和二九年である。

(6)町づくり計画による町政の推進

昭和三四(一九五九)年に東川村は東川町になる。そして昭和四三(一九六八)年からまちづくり五カ年計画を五年ごとに作成していき、町の指針としはじめる。「第一次五カ年計画」(昭和四三年)の基本は四つにまとめられる。一)水田の大型化をし、近代化装備の充実を期する。二)道路を開削して観光資源の開発につとめる。三)企業や施設誘致をして健康で清潔なまちづくりで人口の増加を図る。四)忠別川の水資源を開発するためダムを建設し、農業用水の確保、上水道、電源開発を進める。

この五カ年計画は、戦後の復旧をふまえた新しい時代の計画であるが、一言でいえば明瞭な「近代化路線」である。現在の東川町の路線とはそのフィロソフィーにおいて明確に異なることは注目してよい。とりわけ、われわれの関心からすれば、「ダムを建設して上水道をつくる」という考え方は現在と立場を異にしている。

昭和四七(一九七二)年からの「第二次まちづくり計画」は、第一次と基本的には異ならないが、「出稼ぎのない町とする」という表現が入っている。昭和五二(一九七七)年の「第三次町づくり五カ年計画」と昭和五七(一九八二)年からの「第四次町づくり五カ年計画」はよく似ているので、合わせて紹介する。第三次で、「明るく健康で豊かな町づくり」という基本目標を定めた。これは当時の日本の各地でうたわれた目標と類似していてとくに個性があるわけではないが、第一次、第二次の露骨な「近代化路線」からはやや距離を置き始めたことがわかる。第四次はつぎの四つの将来像を描いている。すなわち、

一)自然と調和のとれた明るく美しい町、二)健康で安全な生活が営まれる幸せな福祉の町、三)人間性豊か

な教育文化の町、四）豊かな生活を支える産業の発展する町

昭和六二（一九八七）年からの「第五次町づくり五カ年計画」は、第三次と第四次にみられた近代化路線からやや距離をおいた路線を継承しつつも、三次と四次の個性のない計画から脱皮して、明確なスローガンをあげることになる。それはいままでの四つの将来像に、五）写真を核とした活力あふれる町を加えたことである。これが現在、東川町といえば「写真の町」といわれるようになるそのはじまりであった。

『ふるさと東川』の第三巻にいう。「基本計画のなかで特筆すべきことは、『写真の町宣言』で、町おこしの一環として推進したものであり、写真を核とした高度な文化性、わかりやすい大衆性、遊び性を通して町を被写体としたこと、一村一品運動に写真文化を位置付けたこと等、注目されることである」（三三五頁）。

これには少し説明を加えておいた方がよいだろう。当時、大分県の平松守彦知事が提案した一村一品運動が全国的に注目されていた。とくに平場の豊かな水田地帯以外のところではその威力を発揮した。大分県では、シイタケ、カボス、白ネギ、ハチミツ、関サバ、大分麦焼酎などがこの運動の成果として知られている。ところが問題は、中山間地域でもない東川町では、そのようなブランドにできる一品が見つからなかったのだと当時の状況を知っている人がいっていた。そこである種の窮余の一策であるが、「特産品」ではなくて、「文化」で一品をつくることになったのである。それが写真であった。

また、五カ年計画でつねにあげられていた人口減の歯止めと町民の農外収入の場を求めての企業誘致が昭和四四年（一九九九）に実現する。公害のない企業ということで木工団地の造成工事が行われ、結果的に一四の木工企業が入ってきた。誘致にあたって工場排水を出さない工場という制限をしたそうである。

現在、東川町というと「写真の町」ということで有名である。写真についての多様なプロジェクトをもって

いる。フォトフェスタ（東川町国際写真フェスティバル）では、フォーラムや写真展以外に国際写真賞〈東川賞〉や写真甲子園（全国高等学校写真選手権大会）などがあり、平成二二（二〇一〇）年での実績では、前者が約五千人、後者が約三千人の入場があった。

また木工としては、先ほど少しふれた子どもの誕生のときに小さな子供用の椅子を町がプレゼントをする「君の椅子プロジェクト」がある。毎年、八〇人前後の子どもが受け取っている。年度ごとに異なるデザイナーと家具製作工房による連携がある。

他に東川産の米である「ほしのゆめ」を東川への転入者に贈呈する「WELCOME」（ウェルコメ）事業や新米キャンペーン、ひがしかわ氷まつりや景観住宅建築支援事業補助金など多様な制度やイベントがあるが、やはり写真と工芸が目立っている。

それらに比べると、「上水道をつくらない自治体」としての水は、それほど強く町の政策のなかに位置づけられていないようにみうけられる。もちろん、たしかに平成二二年（二〇一〇）年に東川町で「地下水サミット」が行われたし、「名水百選」にも選ばれたし、ペットボトルの飲用水「大雪旭岳源水」を販売したりはしているが。水については住民の間に不満がないため、東川町としてはとくに目立った施策をする必要がないからであろう。

(7)開発・近代化路線から美質アップ路線へ

以上のことをふまえてどんなことがいえるだろうか。みてきたように、東川は明治中期の入植による開発にはじまり、昭和四〇年代までは近代化を推進する路線であった。そして昭和五〇年代に入ると、「生活の豊かさ路線」に変更される。ただ、この変更は高度経済成長を終えた日本の新しい路線として、多くの地方自治体が選択した路線であって、東川町もその路線と軌を一にしていたと位置づけてよい。

ところが「写真の町」と言いはじめた昭和六〇年代ころから、あたらしい固有の路線を歩みはじめた。それは「美質アップ路線」とでも呼べるものである。「ある人はこのような美質をもっている」というような使い方があるが、ここでは人ではなく、「町の美質」を追求している。写真は本質的には美を追究するものであるが、たんなる写真芸術論に終始するのではなくて、「町の裏側から町を写されてもはずかしくない町」とか「どこから写されてもはずかしくない町」という表現が東川町でよく聞かれるが、現実的には町の景観保全としての写真の側面もみられるのである。

工芸もシンプルで飽きのこないデザインといわれる旭川家具の一翼を担っていて、それを町がキチンとバックアップしている。工芸デザイナーが東川に居住し工房が存在する。また、平成に入り、町は景観を軸に地域おこしを考えるようになってきているが、それらはすべて「美質アップ路線」とよんでよいだろう。

上水道と関連する水については、歴史的にみれば恵まれていたわけではない。入植当初から一貫して住民は生活水に苦労してきたのである。そしてその苦労に町がさほど本腰を入れていたとは思えない。あえていえば、平成一九(二〇〇七)年に完成した多目的ダムである忠別ダム[1]の目的のなかに「上水道」が含まれていた。結果的には東川町はこのダムの水に生活水を依存しないで、戸別の給水施設に依存をしている。

町としては、忠別ダムの上水道計画を「廃止」しているのではなくて、「休止」しているという立場をとっている。そしてそのことに不満を述べる住民はいないようである。町はダム完成の三年前の平成一六(二〇〇四)年に住民に対して、アンケートを行っている。その数字でみるかぎり、住民は水道を必要としていないようである。

大正一〇年頃からはじまった打ち込みポンプの方式だが時代とともに技術が進化し、現在では、電動ポンプで水を吸い上げている。ポンプを使っているので水圧もあり、洗車やトイレ、洗濯機の使用でも不便はない。そしてなによりもこの水がおいしくて健康によいのである。したがって、この水はこの町にご褒美のように天から与えられたように思える。この天与の水は、また現在の町の美質アップ路線に結果的には適合しているので、今後とも現在の上水道をつくらない路線を踏襲していくと想定される。言い方を換えると、天然水の存在は、町の美質アップ路線の基盤として役にたつものだろう。

⑻町が司令塔に

この東川町の目立った特徴は、町役場が司令塔になっていることである。これはまちづくり協議会や住民自治協議会というようなあらたな住民の自治組織を確立し、コミュニティの役割を強化していこうとする全国各地でみられる現在の地域活性化の方向とは異なるものである。町の「まちづくり計画」も第三次以降に「町づくり計画」と表現を改めた。漢字にしたのは、「まちづくり」というとコミュニティづくりと誤解される可能性があるからであろう。ここではあくまでも、東川町という町づくりなのである。しかし私はこれはこれでよいと思っている。それぞれの地域には地域固有の歴史がある。ここは原野への入植という厳しい環境からはじまり、本土の村や町に比肩できるだけの基盤整備が必要であったのであり、それを一歩一歩進めていくためには、強固な意志をもった司令塔が必要であったのであろう。離島や山間部など恵まれない地域では役場が強固な司令塔となり、また知恵の結集体となることがあるが、それに似ているといえよう。全国に生き生きした町役場がある。そのばあい、課長クラス以下の何人かの「元気者」が五〜六人おり、それが実践を通じて役場の将来指針を動かしていくことがある。それを私は「役場青年団」と呼んだことがある。村のなかの青年団に模した表現である。村では青年団のやんちゃな動きをうまく使いながら村の長老が高度な判断をしていくのである。それは日本の村の伝統であるが、町役場内部でそれがみられることがある。

私はその名前を兵庫県生野町や朝来町をみて名づけたのであるが、この東川町はそれとは少し異なる。「役場・スペシャリスト連携型」とでもよべばよいだろうか。「役場青年団型」と基盤は同じなのだが、それに加えて外部のスペシャリストを賢明に使っていて、役場執行部、役場内やんちゃ坊主に加えて外部のスペシャリストの三点をもった三角形となっている。外部のスペシャリストとして写真家やデザイナー、大学など多様な分野を動員している。この連携型が現在の魅力的な路線を形成したといえる。

経験的にいうと、この「役場・スペシャリスト連携型」は「役場青年団型」に比べて、役場内やんちゃ坊主のやんちゃ性が少し弱くなっている。スペシャリストが存在するからであろう。この「役場・スペシャリスト連携型」を私は沖縄県竹富島にみる（ただし竹富島はそこに役所がないため公民館がその役割を担っている）が、そこは外部のスペシャリストと賢明に連携をとる長い歴史をもっており、三角形の三点がうまく機能している。また、美の条例で有名な神奈川県真鶴町もこの型に入るだろう。

この型では町が司令塔になりつつ、いろんな組織との連携がとても意味をもつという言い方になってくる。町役場と一緒に協力して目的を実現しようという立場となる。つぎの東川町町長の松岡市郎氏の言葉はその辺りを的確にとらえているようにみうけられる。すなわち「今、世界で最も注目されている問題の一つは地球環境と温暖化であり、大気中のCO^{2}、つまり二酸化炭素を削減し、低炭素社会をどのように実現していくかである。しかし私たちのような小さな町での行政課題は、すべてのものを単独の町で賄うのではなく、『Co』（コ）

の精神による運営が必要である。『Co』と書くと『一酸化炭素』ですかと言う人もいるが、そうではない。『ともに』『一緒に』の意味を持つ英語の接頭語で、『協同』『協働』『共同』などの言葉で表現される連帯という意につながっている。今までも地域コミュニティ、近隣自治体、大学、民間、そして国や道などと『Co』の精神でともに一緒に取り組んできている」（松岡市郎、『ひがしかわ』六八六号、二〇一〇年二月号）。

近い将来を予測すると、この「美質アップ路線」は時代の先端にあり、持続されるだろう。ただ、町役場は重要な役割をはたしつつも、おそらく自治会などの地域コミュニティや地域に根ざしたＮＰＯの役割が少しずつ大きくなってくると予想される。そのときに、この天与の恵まれた水の使い方を、町全体としてどのように位置づけるかが改めて議論の俎上に登ってくるだろう。

⑼遠くの水を得て近くの水に無関心になる構造

水に恵まれている地方でも、自治体が水道局をもっているのがふつうである。そしてまた、この水道局が赤字経営であるのもありふれたことである。そのため、そのような自治体の担当者は、先ほど述べたように、〝消費者〟を増やすために、水道管を各家庭に結びつけることに積極的である。井戸を使っていて当人たちが満足をしていても、水道をつけさせてくれと市役所がうるさくいってくるのでつけた、という言い方を各地で聞く。通常はそれだけですまずに、お宅の井戸は将来、農薬が流入する危惧があるからとか、農業の肥料に硝酸性チッソを使っているので近くの畑から流入するとか、近くの山にゴルフ場があるからとか、下水道の水が漏れて流入している危険性があるとか、さまざまな理由がつけられる。

それらの理由はいちいちもっともなことである。したがって、上水道の水を使いなさい、ということになるのだが、それはイメージ的にいえば、遠方のダムや大河川から導管を使って、自分たちの自治体に水がもたらされるものである。その結果、自治体も住民も自分たちが住んでいる地域の水質の保全にまったく関心をもたなくなってしまうという現象が生じている。ところが、東京都の水源の利根川や荒川、多摩川を想定すればよいが、奥山だけではなくて、上流に人間が住んでいる中流で取水するのであるから、結果的に上水道の水源が汚染されることになるのである。

この悪循環を断ち切るにはどうすればよいか。簡単なことである。できるだけ〝地元の水〟を飲めばよいのである。そうすれば、市町村の関心が、地元の水の保全の方に向くことになるのである。

この東川町は、上水道がない。そのために、地方自治体としての東川町は自分たち東川の水質保全にきわめて熱心である。東川町は「美しい東川の風景を守り育てる条例」においてとくに「地下水の保全及び適正採取」の節をもうけている。そして有害物質を排出する業者への規制、地下工事に関する規制、井戸設置についての許可基準（排水施設が十分に講じられていることなど）、山林所有者は地下水の涵養のための保育管理に努力すること、住民は排水や油漏れを起こさないようにすること、住民は地下水の節水に努めること、井戸設置者に地下水保全対策費の一部の負担を町長がもとめることができること、等々のことを決めている。

このように地元の水の質の保全にたいして、きわめて厳しい規制と住民への努力を強いている。このようなことに対して、私の聞き取りの限りでは、住民からは不満の声を聞かない。日本の各地でこのような規制と努力をすれば、各地域の水の質は大幅に改善され、汚染度の低い川が出現することになろう。

注

1　洪水調節、不特定水利、灌漑、上水道、水力発電を目的とする多目的ダム。一九七七年に計画、一九八六年に補償交渉妥結、東川町と美瑛町の境に建設。

参考文献

東川町史編集委員会編　一九九四　『郷土史ふるさと東川』ⅠⅡ、北海道上川郡東川町。
藤田紘一郎　二〇一〇　『水と体の健康学』サイエンスアイ新書。

3

上水道設置を望まない住民たち
——熊本県上益城郡嘉島町

(1)水道設置率ゼロ・パーセント

熊本県嘉島町も北海道の東川町と同様に水道のない町である。もともと熊本県は阿蘇山など山岳を後背に抱えているので、水の豊富な地域だ。県の中心である政令指定都市の熊本市さえも、生活用水の一〇〇パーセントを地下水に依存する。そしてそのことを誇りにしている。この熊本市に隣接し、熊本市よりも水の豊富な地帯に嘉島町がある。

熊本県の水道の設置率は、全国都道府県で最下位の八三・二パーセント(平成一三年)である。熊本県ではそのことを、遅れた事業と評価しているようだ。『平成一四年度　熊本の水資源』(熊本県企画振興部土地資源対策課)によると「本県の水道普及率は、平成一二年度末で八三・二%となっておりますが、全国平均普及と比較するとまだ一三・四ポイント下回っており、今なお、約三二万人に及ぶ県民が未普及人口として残されております」という記述にもそれが現れている。

けれども、東日本大震災以降に明確に変わってきたあたらしい発想にたてば、この最下位は必ずしも近代化にもっとも遅れていると解釈する必要はない。逆に水資源に恵まれている事実に着目し、住民の要望に合わせた方がよいのではなかろうか。後で述べるようにほとんどの住民は水道設置を希望していないのだから。

熊本県下には三加和町(一・五%)、南関町(五・五%)、横島町(六・二%)、鹿本町(七・五%)のように、水道の設置率が一〇パーセントを切っている市町村が嘉島町を加えて五つ存在する。ただ、ゼロ・パーセントは嘉島町だけである。逆に、新和町のように一〇〇パーセントのところもある。ちなみに熊本市は九七・三パーセントだ。

嘉島町の人口は九、一七九人(二〇一七年七月)。農林漁業従事者よりも民間企業の勤務者や商工建設サービス業などの自営業者の方が統計上ははるかに多い。だが景観としては、水田や大豆の畑がひろがる典型的な田園地帯である。印象的に述べると、熊本市から車で嘉島町に向かうと、視野に田園地帯が広がったと思ったところからが嘉島町になる[1]。

ただ、嘉島町は熊本市から通勤できる距離なので、現在も進行している宅地開発によって、非農業従事者が町外から転入してきて人口が増大しつづけている。また、現町長の荒木泰臣氏が三〇年ほどまえの一九八八年に構想をあきらかにした『水辺の郷』をめざして」という「嘉島町まちづくり基本構想」があって、その構想のひとつのショッピングセンターの誘致が成功する。

西日本で最大級のショッピングモールと呼ばれている「ダイヤモンドシティ・クレア」が二〇〇五年にオープンし、そこに年間、一三五〇万人が訪れる。昼間人口の増大である。それに加えて水に関わる企業の誘致にも成功し、その時期におよそ七、三〇〇人であった嘉島町の人口が、現在がおよそ九、二〇〇人と大幅に増えている。それらの結果、町長の説明では町の財政状況も大幅に改善しているという。たしかに二〇一四年度の財政力指数は〇・六九で全国の他の町と比べてかなりよい。

⑵清らかな湧き水・水郷の町

嘉島町あたりは、阿蘇山の溶岩である砥川溶岩が帯水層の基盤となっていて、そのうえに堆積物や粘土層が堆積している。各所に湧き水があり、数メートル掘ると伏流水につきあたる。この嘉島町にあたらしく住むことになると、建物の基礎作りの段階で、**写真1**にみるように一〇〜四〇メートルのボーリングをして、電動ポンプをとりつけることになる。ここではボーリング費は一メートルあたり一万円ほどの費用であるという。ボーリングについては町は補助金を出さないものの、飲料水の水質検査には二分の一の補助金を出している。検査費用は一〇項目で二千円程度である。

写真1　電動ポンプのとりつけ　このように新築の時に電動ポンプをとりつける。

この嘉島でも住民は水に誇りをもっており、「清らかな湧き水、水郷の町」というのが、嘉島町についてのアンケートによる住民のイメージである。町長の考えでは基本的には将来の水道整備を視野に入れているそうである。それは一九八七年の町民アンケートで「上下水道、環境施設の整備を図る」という質問項目への期待が四〇・五パーセントというもっとも高い割合を占めていたので、それは当然のことかもしれない。

しかし、その後の調査(二〇〇六年)で、いまの井戸水から水道への切り替えについては住民の希望者が五パーセントと少なく、その割に、簡易水道の経費についての庁内の試算では五〇億円ほどかかることが分かった。そこで、二〇一一年度の『第五次嘉島町総合計画』では以下のような書き方になっている。すなわち、上水道整備計画の項で「施策としての位置づけが明確ではないため、第五次については、地下水利用に対するコストの側面から再検討する必要があります」と、いわば慎重な表現となっている。

(3)水辺の郷の構想

昭和六三年度(一九八八)「『水辺の郷』をめざして」という「嘉島町まちづくり基本構想」は現町長が町長になったとき(昭和六二年~現在)に立ち上げた構想である。この三〇年ほどはその実現の過程であったといってよい。構想にあたっては、住民へのアンケートや面接調査をふまえるとともに、町議会長や農協、商工会の会長、婦人会会長などの町の代表的な役職者からなる「まちづくり懇話会」の意見を参考にして、熊本大学工学部の教授たちの助言・指導のもとに、町長や関係課長からなる策定事務局がまとめたものである。他の町と比較してみると、住民の意見をかなり重視している印象をもつ。

この構想の全体的な考え方は、嘉島町の「近代化」だといえよう。それはふたつからなり、ひとつは都市化への舵取りである。それはタウンセンター構想や花卉栽培や貸し農園など都市近郊農業の開発、また上下水道施設の整備、豊富な水を利用した一万人プール、漕艇競技であるレガッタの開催などである。

他のひとつは、水に関わる文化の重視である。水の博物館の建設、浮島の環境整備、親水公園、水路の花いっぱい遊歩道などがそうである。それは地域ゾーン構想でも現れており、つぎのような表現になっている。「自立的な都市機能の整備ゾーンを東西の幹線道路の交差するところに置き、広域からの集客をねらい、観光、レジャー的要素が強い水遊都市のゾーンをまわりに配置している。同じ水でも湧水の活用や歴史的資源など保全性の高いゾーンを東部の湧水近い周辺とし、水資源を活用した都市近郊型の新しい産業基盤の形成ゾーンがこれに重なる。さらに分散している集落を遊歩道等によってネットワーク化する。また、これらの各ゾーンの間を優良な生産性の高い農業地域として整備する」という。嘉島町にかぎらず、当時の近代化をめざす各自治体にとっての夢がよく示されており、現時点でみても、この構想に沿って実現されたものも少なくない。

⑷住んでよかったといえるまちづくり

冒頭に述べたように、この町の上水道はまだ実現されていない。「構想」では上水道の整備も推進課題にあがっていたものである。これを実現できなかったとマイナスに評価するのは素朴すぎるように思う。社会の価値観の変化が、たとえば一万人プールや集客を目的としたレジャー施設の設置への熱意の減退が、住民たち、また町の関係者にも微妙に染みわたりつつあるように思う。

それをふまえてか、平成二三年（二〇一一）の『第五次嘉島町総合計画』の冒頭の挨拶文ではつぎのような表現となっている。「ものの考え方も一様でなくなりつつあり、〝豊かさ〟の捉え方は多様化してきています。むしろ、これからのまちづくりにおいては、〝活力〟や〝うるおい〟更には〝豊かさ〟を通して実感する〝水〟に囲まれた〝住んで良かった〟といえるまちづくりを考え」たいとしている。これは近代化の相対化といえばよいだろう。近代化を否定するものではないが、他の価値観をも考えたいということである。それは現在の住民が本来望んでいるものへの模索へとつながる。実際、住民へのアンケートでは、住みつづけたい理由のトップが「自然環境にめぐまれている」となっており、これは近代化という変化と異なり、保全を大切とした考え方となる。

水についても、上水道の整備という項目が消えて、代わりに「水を守る意識」や「水資源保全」という用語が散見されるようになってくる。住民アンケートでも「今後の環境対策として重要と思うこと」のトップに「地下水保全対策」が上っている。地元の水を飲料水として使っているのだし、今後ともそうであるならば、当然、このような要求となってこよう。[2]

このような住民の要求や考え方の変化を知るために実際の町民の地域社会を知っておく必要があろう。嘉島町は伝統的に一三の集落から成り立っている。宅地開発や幹線道路に多くの店舗が増えているものの、これらの集落が現在でもこの町の基幹コミュニティである。

⑸集落の自己管理組織

嘉島町一三集落とは、井寺、北甘木、上六嘉、下六嘉、三郎無田、西村、上島、鯰、滝河原、上仲間、高田、下仲間、犬渕である。それらは大まかにいえば、江戸時代の旧村とみなしてよいが、滝河原のように江戸時代は船着き場があっただけで、村を形成していなかったところ、高田のように枝村的なところもある。これらの集落には、区長が置かれており、そのもとに一〇人ほどの協議員（評議員とよぶ集落もあるし、少数のところもある）

がおり、他に土木委員(一人〜三人)をおいている。

この区長制度は明治二二年(一八九〇)の町村制にもとづく。協議員会というのはその起源をたどれば、明治一一(一八七九)年の「地方税規則」第三条を根拠とする協議費という集落の財政を審議する機関であるが、早い段階で、集落全般のことを審議する機関となる。イメージ的にいえば集落の議会である。土木委員は道路整備や水害や台風などの災害時の土木についての担当である。集落によると、それ以外に会計や水番をおいているところもある。水番は土木委員の差配の下、水利を担当する。

また集落(区)の下に、地区を分けて自治会の班にあたる組がある。この組とは隣保組のことであり、それ以外に組と称して、葬式組や宮座の組があるばあいもあるが、隣保の組とメンバーが重なることが多い。

このように役職をみてみると、都会の自治会と大きく異なり、ものものしい陣容である。これはたんに消費生活(暮らし)の場としての地域ではなくて、農業としての生産の場でもあるからである。また、これらの集落は歴史的蓄積もあるため、区や組ごとの祭祀があるし、道路や用水整備のためのムラ仕事(嘉島では公役《くやく》とよんでいる)があるためである。伝統的に自分たちの地域を自分たちで維持してきたので、これらの集落は行政に対しても自立性が高い。江戸時代の村が自立性が高かったのと類似している。行政は区長を町の嘱託員として任命することでつながりをもっている。

通常、集落にはこの区のもとに、区から一定程度自立した組織がある。ここでも婦人会や青年団(青年団は昭和四〇年代に自然消滅した集落が多い)、消防団や老人会がある。たとえば、台風で大きな木が倒れた場合は、土木委員の手にはおえないので、区長の許可のもとで、消防団が手伝うというふうに相互協力をする。

(6)地区住民の暮らしと水

現在は、生活水はボーリングをしてパイプを通じて電動ポンプでくみ上げているのが主流であるが、従来の井戸や、川の水、湧き水を利用する家庭も少数ながら存続している。とくに洗い物は、湧き水のある池でなされてきたが、それはまれになった。少し前の経験で「きれいな池があって、そこで女の人達が集まって茶碗洗い、洗濯等をしながら世間話がたのしみでした」(『水辺の郷・井寺誌』、一九九五)というような回想録が残っている。

電動ポンプの導入は画期的なことであった。七〇歳の女性の共同井戸の回顧はつぎのようなものである。

「井戸の上に屋根があって、つるべをさげる車がつき、それに綱を通し両端に桶をつけ、一方のつるべに井戸の水が入ったら、両手で綱をたぐり上げて水を汲み揚げるのです。それがとても重く引き込まれそうになり、恐ろしい目に何回かあいました。雨の日や寒い日でも毎朝早く起きて、朝食前に水を汲み、炊事の水や、風呂の水をバケツに入れ、天秤棒で担いでいたのです。夏、田畑の仕事がすんで、男は昼食後日中よけ(休み)ですが、私は一日も休まず水汲みをしていました。夕方、畑仕事がすんできつくても水汲みの仕事は続きましたが、特につらかったのは冬で、つるべの綱がぬれて凍りつき、手が冷たくて痛くてたまりませんでした。こんな生活が何十年と続きましたが、今はモーターのスイッチで水が上がり、昔の苦労は夢のようです」(同右)。

また他の人はプラス面として、「夏は冷たく、冬は暖かい水なので仕事後のおいしかった事は今でも忘れません」(同右)といっている。現在もこの嘉島の水辺で調査をしていると、近所の人からは、水のおいしいことと、冬あたたかく、夏はつめたいのですばらしい水だという自慢話をよく聞かされる。この水場の維持は集落の大切な仕事のひとつである。土木委員の差配のもと、水路の藻切り作業などをする。

各所に水神があり、丁寧な祭祀が行われている。水神は水難除けや農業の水神と、飲用などの生活に使う水に感謝する湧き水近くの水神とがある。七月頃には水神様の祀りがあり、その年にはじめてできたキュウリを竹に刺してその竹を湧き水の砂利などに挿し込んだ。また井王三郎神社の神の眷属としてカッパの信仰があり、そこで水難よけのお守りをうけると、子どもはカッパに川の深みに引き込まれないという言い伝えがある。昭和四九年（一九七四）の調査の報告書にこんなものがある。八四歳の女性の話だが、「井寺のクラモト川にカッパが住んでいた。私が子供の頃聞いた話では、そのカッパは相撲をとり、よく川の中の藻にすわって居た」（『熊本民俗調査報告書』、一九七五）。

⑺地区の水辺保全活動

おなじ嘉島といっても、地区によって湧き水が豊富に出ていて池や川をつくっているところと、高台になっていてすぐ前に紹介したような共同井戸から水を汲み上げなければならなかったところがあり、一律ではない。水にかかわる組織として、役場が把握しているいわばＮＰＯにあたる「地域づくり団体」が三つあり、それらは水の豊富な井寺に二つと上六嘉に一つある。地元の中学生へのアンケートによると、「初めて嘉島町を訪れた友人を最初に案内するところ」として、一位に「六嘉湧水群・浮島」があげられているほどに嘉島では水郷として有名なところである。浮島のある井寺には、「浮島会」と「舟場会」の二つがある。ともに昭和五六年（一九八二）に発足した。

「浮島会」は井寺在住の青壮年男子三〇名ほどで発足し、平成二二年（二〇一〇）現在で、やはり男子だけで四八名の構成となっている。「浮島周辺の清掃及び環境保全」が設立目的である。浮島は平坦な水田地帯のなかにある湧水池で、約三ヘクタールの広さがあり、湧水量は一日に約一五万トンで、池の東側の一角に池に突き出すようにして浮島熊野坐神社が鎮座している。そこが朝靄を通してみると浮島のように見えたのでこの名があるという。

この会が具体的に行っている活動としては、浮島およびその周辺の清掃作業、蛍の里の草刈り、矢形川緑地公園の清掃活動、かしま水の郷まつりへの協力・参加などがある。また、四一歳の厄年を迎えた会員には、浮島神社まで特製の駕籠を使って厄入り祈願の送迎をしている。会員の全員が代わる代わる担ぐのである。事業費は井寺区からの助成金と清掃活動で得た収益金をあてている。

この浮島会の活動は、ボランティア活動ということになっているが、この地区で昭和四〇年代に自然消滅した青年団の現代風の復活という印象をもつ。このような活動が必要になったのは、かつて浮島の池で田や畑の肥料として藻や泥をとっていたが、そのような作業がなくなったことと関連していると推察される。

「舟場会」は井寺区の全体を対象としているのではなくて、区のなかの一つの組である蔵本組を中心にして、舟場川(蔵本川)の周辺の青壮年男子二〇名で構成されている。この地域のシンボルである舟場川の最近の汚れが甚だしいのを嘆いて、清流を取り戻すために結成された。目的は「環境・景観」となっている。活動内容は浮島会と異ならない。

上六嘉にある「中郡愛郷会」は昭和五二年(一九七七)に設立されたもので、環境・景観だけではなく、伝統文化の継承も目的としている。その構成員も右記の二つの会と異なり、男性二四名、女性一四名と男性に限っていない。活動内容は緑川環境体験学習塾、緑川の日イベントの準備と参加、ファミリービーチ大会、水質浄化、桜苗木の補植、花壇の手入れ、花見の会、東小学校前の彼岸花の管理、炭焼き体験、椎茸原木伐採作業、大綱引き、竹馬つくり、など多岐にわたる。費用は会費制となっており、他の二つに比べてＮＰＯ色が強い。とはいえ、どれもいわゆる地域コミュニティを基盤にした組織である。

⑻「地元の資源」に目を向ける価値観

このような活動の背後にある地元の人たちの考え方はどのようなものであろうか。

「全日本中学生水の作品コンクール」で熊本県賞をもらった女子中学生の文章がある。「私の住んでいる嘉島町は水がとてもきれいな町です。……水道は地下水百パーセント。水道料金がかかりません。そんな嘉島町に住んでいた私は、このきれいな水が普通で〝あたりまえ〟だと思っていました。……聞き慣れないことが耳に入ってきました。〝熊本の人はミネラルウオーターを買わないのよ〟。熊本県の特集をしていたあるテレビ番組でした。私は思わず耳を疑いました。蛇口をひねれば水が出るんだから当たり前ではないのか。なぜこんな事を全国に放送するのだろう。……私はテレビに夢中になりました。ミネラルウオーターを買わないと聞いて、〝えぇーっ！〟と驚くゲストや観客、〝平成の名水百選に選ばれた湧き水〟として映った私の町。そして私が驚いたのは〝お風呂の水もトイレの水もミネラルウオーターを使っている〟というナレーションです。すべての内容が私にとって衝撃的でした。それと同時に、ある事が分かりました。すべての場所でおいしい水道水が飲めるわけではない。蛇口をひねって水を飲む事は決して〝あたりまえ〟ではない、ということを」(嘉島中学校の生徒)。

なお、注記しておけば、ここでいう「水道」は上水道でも簡易水道でもなくて、各家庭でボーリングをしてパイプを通じて電動ポンプで地下水を吸い上げた井戸形式のものであり、もちろん蛇口から水がでる。なお、テレビ番組はある種の〝魔術〟を使っている。ミネラルとは無機質のことであり、地下水は砂や岩の間をとおるから必ず溶解したミネラルが含まれている。わが国ではミネラルウオーターというとき、そのミネラルの含有量や種類は規定がないから、地下水はすべてミネラルウオーターなのである。したがって、嘉島の人は地下水を飲んでいて、お風呂の水も地下水を使っているということであるのだが、そういう表現をすると視聴者が驚かないので、ミネラルウオーターという魔術用語を使ったのである。だとしても、この文章には地下水のおいしい水が「あたりまえ」と思っていたことがそうではないという新鮮な発見がある。

つぎはあたらしく引っ越してきた人の嘉島町のイメージである。「井寺のイメージは、八月、家を捜しに来た日に、浮島で子供達が水泳をしていたのに驚きました。最近は、子供達が川で泳ぐようすも見なくなり、特に今年は、あちこちで、水不足の深刻な問題をかかえこんでいる中で、この地は本当に、水が豊かできれいなことに感激しました。これから四季折りおりの浮島の風景が楽しみです。そして、ここには家並みが、昔のままに残されており懐しい思いがしました。日常生活にもやっと慣れ、最初の頃は買い物の不便さを感じていましたが、今は、ここでの生活のしかたをつかんだところで家の空き地に、野菜や花を植える楽しさを味わい、近所の方々の野菜畑をお手本に、鍬を握っております」(『井寺誌』、一九九五)。

このような引用は任意性がともないがちだ。けれども、最近の嘉島について書かれた文章はこのように嘉島の自然を楽しんだり、評価する表現が多い。事実、役場の担当職員の考え方を聞くとそれを反映しているような印象をもつ。つまり、そこを「自然のままに生かしたい」とか、「地元の人たちの生活を生かしたい」というような表現が聞かれた。たいへん印象深かったのは、役場のまちづくりの政策を考える人たちがいわゆる観光化をねらっていないということだ。外部の者からみれば、嘉島町は水郷として観光の対象になり得ると思うが、多数の観光客が訪れることは希望しないという。それよりも地元の現在の生活が大切だという考えである。

それはつぎのようなところでも表れている。**写真2**でみるようなとても魅力的な自然のプールが嘉島にはあるけれども、これを外部に宣伝しないという。地元の人たちが楽しめればよいという考え方である。写真の示すように、手前が生活用の水場であり、その向こうがプールであるが、プールの足下は砂利であり、プールの中を小魚が泳いでいる。湧き水の川にプールの枠をおいたものである。

「六嘉よいとこの歌」があり、その二番がつぎのような歌詞である。「六嘉よいとこ清水が湧いて　湧いた清水に鮒子《ふなご》もおどる　天下自慢の天然プール　そこでできたえた水泳村よ」（坂口哲夫作詞作曲）。豊富な湧き水からの水を利用したプールで夏には地元の子どもたちで賑わう。ローマオリンピックで銅メダルを獲得した田中聡子はここで育った。こんなプールは他所にはないだろう。また風景もよい。

ここには近代化という変化を望ましいという考え方と異なる考え方が存在する。この異なる考え方が

写真2　洗い場と天然プール

上水道設置を躊躇させるものでもあろう。それは何だろうか。自然保護、暮らしの持続、地元の生活、さりげない楽しみ、豊かな水への感謝などいくつかの用語が浮かぶが、それらすべてを括ったものは何だろうか。いろんな表現があるだろうが、ここでは「地元の資源の再評価」という言い方にしよう。近代化を地域社会におとすと、都市化となって現れることが多い。もちろんそれもよいところが多々あるが、そのよくないところは、他所の資源への安易な依存である。地元になかったものを導入することで、地元にあった資源を駆逐するという現象が生じるのである。資源にはハードとソフトがある。ハードは物質でソフトは組織や文化などである。ハードでいえば、ここではまだ起こっていないが、離れた場所にダムなど貯水池を造り、そこから長い導管を通じて水を供給するというような上水道システムが他所の資源依存の典型である。

地元の資源の再評価のソフトの面では、祭りや信仰などあるが、ここで引用をしたことでいえば、あの駕籠かつぎがそうである。四一歳の厄年を迎えたものを全員が代わる代わるに駕籠を担いで、浮島の神社に送り迎えをする行事は、相互の人間関係の絆を強くするためにとてもよいことである。古いおかしな行事とは決めつけられないであろう。

嘉島の現在の水利用システムはかつての井戸の利用の発展形態であり、地元の水資源をうまく使う方法である。地元には歴史的に蓄積された多様な資源があり、眠っている資源もあるだろう。そこからあたらしい可能性や発展も考えられる。

注

1　昭和三〇年の町村合併促進法によって六嘉村と大島村が合併をして、あたらしく嘉島村が誕生し、昭和四四年に嘉島町となった。

2　嘉島町は熊本市やその周辺の地下水を利用する一一市町村と協力しながら、「育水」の活動をしている。山に木を植えたり、冬に田んぼに水を張ったりして地下水の涵養に努めている。また平成二四年四月に既存の組織を統合して、地下水涵養推進と水質の改善を目的として「くまもと地下水財団」を立ち上げた。これらの市町村は飲用水として地下水を利用しているので、「地元の水」の涵養と水質保全に力を入れるのは当然なこととなる。

参考文献

『「水郷の郷」をめざして—嘉島町まちづくり基本構想』一九八八　熊本県嘉島町。

『第五次嘉島町総合計画』　二〇一一　熊本県嘉島町。

『嘉島町誌』一九八九　熊本県嘉島町。

『熊本民俗調査報告書』(第三集)一九七五　熊本民俗研究会。

鳥越皓之『家と村の社会学』　一九八五　世界思想社。

『水辺の郷・井寺誌』嘉島町井寺誌編纂委員会、一九九五。

『水について考える』(第一七回全日本中学生水の作文コンクール熊本県審査入賞作品集)二〇〇三。

4 水の都の誇り——愛媛県西条市

⑴歴史のある水の都

愛媛県西条市はみずからを「水の都」と名のっている。けれども、とくに水に特化して西条市の特徴を強く主張しているわけではない。豊かな水も西条市の特徴のひとつであるというあたりの位置づけである。西条市には南方に西日本最高峰（一九八二メートル）の石鎚山があり、温泉や珍種のカブトガニなどゆたかな自然とともに、西条藩三万石の城下町であったので、陣屋跡や神社仏閣という歴史的資産にも恵まれている。人口一一万人（二〇一九年）、産業としては、大企業二五〇社、中小企業二五四〇社をもつ工業集積地であるとともに、県内最大の水田面積（四、〇五八ヘクタール）をもっている（ここの数値データは西条市のホームページによる）。県庁所在地の松山市から高速道路で四〇分の距離にある。

西条市といえば、水に関心のある人びとの間で「うちぬき」が知られている。「うちぬき」（打ち抜き）とは、自噴の井戸（自噴の水）のことである。井戸掘りで有名ないわゆる上総掘りと類似の形式で帯水層まで鉄棒を打

写真1　地上まで水が吹き出るうちぬき（右奥）

ち込んで穴を開けたことからこの名ができたと伝えられている。水圧でそこから水が湧き出てくるのである。2章で紹介した北海道の東川町では、現在、二〇メートルほど掘り下げると、水圧で、水が地下五〜六メートルまで上昇すると言っていた。このあたりまでの上昇が普通であるが、この西条では、帯水層の水圧が高いので、地上まで水が吹き出るところがあるのである。ただ、現在では、東川町や嘉島町と同様に、電動モータを使って、吸い上げているところが少なくない。そうすると人工の水圧も加わるので、二階でも蛇口から勢いのある水が出るのである。もちろん、地下に掘り抜かなくても自然に水が湧き出る湧き水の場所もある。

　そもそも西条では、家を建てるときに、うちぬきが出るか出ないかをまず調べるのが慣習になっているという。『西条市生活文化誌』（西条市、一九九一）によると「現在の西条市の戸数一万九〇〇〇余戸の七五パーセントが、うちぬきの恩恵を受けている。また市内には一万本以上の鉄管が打ち込まれており、その内ポンプを必要としないものは、約二〇〇〇本、一日の自噴量は約九万平方メートルに及ぶ」という。それから約二〇年後の、二〇一二年での市役所での私の聞き取りでは、自噴井戸エリアは、**図4―1**の地図にみるように、東西の二カ所にあり、西のエリアが八・二平方キロメートルの面積をもち、市役所などの市街の中心地を含む東のエリアが八・一平方キロメートル、西では約八五〇本が東では約二〇〇〇本が打ち込まれているという。表現が異なるのは平成の合併により市域が拡大したり、算定基準が異なるからである。ともあれ、これほどにたいへんな数のうちぬきがみられるのである。

西条市では、西条藩の陣屋跡や市役所などがあるいわゆる中心的な市街地も自噴井戸や湧き水の地帯である。すなわちそこは東エリアに入っている。そしてこの自噴井戸地帯は水道整備をしない地域、つまり水道化の「計画外地域」という位置づけである。

そこには上水道システムが入っていない。もちろん簡易水道もない。ところが地理的にいうと、いわばその周辺の地帯に上水道や簡易水道が設置されている。すなわち、西条市は

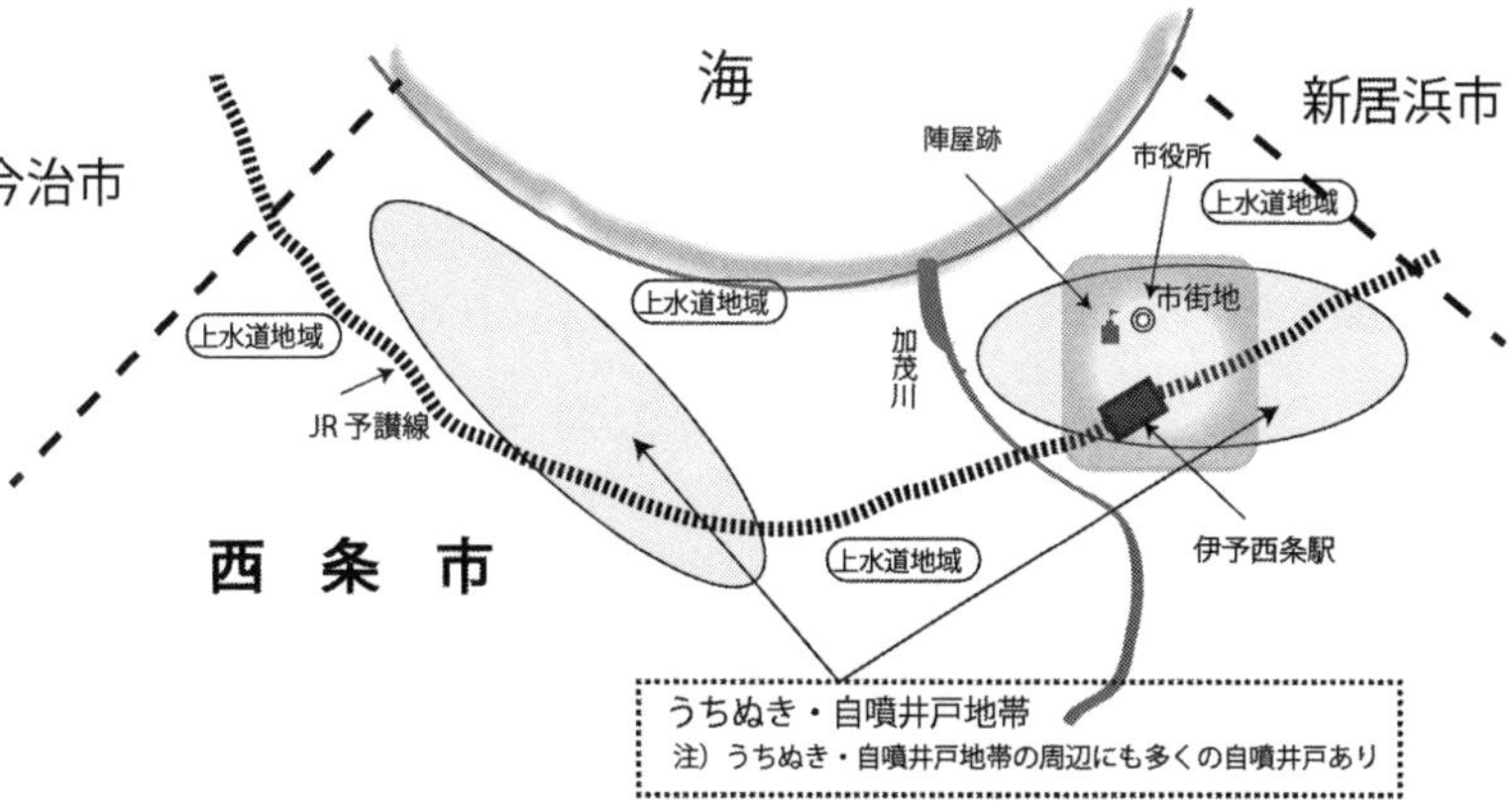

図4―1　西条市うちぬき自噴地帯の模式図

上水道も簡易水道もあり、そのため生活環境部のなかに水道業務や水道工務の課をもっている。だが、市の中心部のかなり広い地帯に上水道・簡易水道がないのである。その理由はなんであろうか。

⑵上水道をもたない市街地の人たち

西条市の市街地では上水道・簡易水道を設置していないといった。この地域の水の使い方について先にのべておこう。このうちぬき地帯や湧き水地帯である市街地においては、各人はうちぬきであったり、地表まで湧き出てこないところでは、自分たちの宅地の下から水をモータで吸い上げて使っている。

この辺りには、上水道や簡易水道の水道管が通っていない。**写真2**は、二階建てのアパートの裏側である（西条市神拝町）。一階と二階に別の世帯が住むので、それぞれにモータで地下から水を送っている。このアパートの表側は店が並んでおり、その一軒の小さなレストランの話では、ここは借家なので、モータの維持（一〇年～一五年でモータを取り替えなければならない）を含めて水の管理は大家さんがしてくれるそうである。水は無料である。ただ、下水道代は払わなければならない。この水はいわゆる水道と違って、とてもおいしい水で、料理をつくるのに助かっていると言っていた。近くの新しい高層マンションの住民に聞いてみると、やはり水道代は無料で、下水道代はほぼ定額で払っているという。高層マンションのばあいは、いまみた写真のように世帯ごとに地下から水を吸い上げるのではなくて、一括して吸い上げ、マンション内の貯水タンクに一時的に水を保存する形式をとっている。いわゆる貯水タンク形式なので、塩素を投入しているマンションもある。たいへん水の味にきびしい人は、地下から汲み上げた水でも塩素を入れている水はよくない、後味が口に微妙に残るといっていた。

写真2　二階建てアパートのモータ

このうちぬきの水は、全国利き水大会で全国一位のおいしい水に選ばれたことがある。したがって、この市街地の人たちに聞くと、だれもがとてもおいしい水だと自慢するのも根拠のあることなのである。

そうすると仮にこの地帯に市役所が上水道を設置する計画を立てたとしても、市の担当課の推測では、上水道を利用するであろう住民の割合がきわめて低いことが予想される。したがって、あえて膨大な予算を必要とする上水道を設置しても、市としてかなりの赤字を背負うし、それを利用する限られた数の住民に相対的に高額の水道設備の投資費・維持費を負担してもらうことになるので、設置は考えられないということだそうだ。したがって、設置の計画外地域となっていて、将来的にも設置を考えていないという。また、住民からの設置の要望もないそうだ。実際、私たちはこの地区のかなりの数の住民に意見を聞いたが、だれ一人設置を希望する者はいなかった。「水がドバドバ湧き出てくるのが当たり前だから、わざわざお金を払う（上水道をつける）意味がわからない」という言い方をする人もいた。

(3)上水道のある地域

ではなぜ、水の都、西条市に上水道と簡易水道が設置されているのだろうか。それは容易に想像されるように、西条市のなかでも場所によると水に恵まれない地帯があるからだ。そのような地域では、住民から設置の要望が出ることになる。その住民の要望を受けて、設置を促す議論が市議会で討議された記録が残っているので、それを示しておこう。

昭和四二（一九六七）年第二回西条市議会の三月定例議会で以下のような議論がなされている。西条市の中心部の西やや南寄りに氷見という地区がある。そこでの議論である。

議員が問題を提起する。「先般来、この雨でいま一息ついておるというのが氷見の飲料水の欠除〔欠如〕しておる補いがようやくできつつあるという状態で、実にその状態というものは、ここの机の上にすわっておったのではわからない。実際氷見へまいりまして、一つの池の中にどのようにパイプがとおっておるか。何カ所かごらんになったら、その事実がはっきりするわけです。将来、氷見地区が西条市の都市計画の中で住宅地帯になる予定でというふうに構想も持たれておりますが、このままでいくならばそのようなことも一つの夢にすぎないというようなことで、氷見の人たちも現在非常にこの問題については、真剣に考え、真剣にどう対策を市が処置してくれるであろうかと待っておる状態でございます」。

それに対しての市長の答弁は以下のごとくである。「氷見地区の飲料水につきましてはご指摘のとおりでございまして、近年その不足傾向が日々顕著になりますし、飲料不適の井戸も増加しておりまして、市といたしましても、この対策を真剣に検討しておる次第でございます。市における飲料水の対策は、率直に申し上げまして、その現状は地域が非常に広いということ、あるいはまた水源が地域別に考えまして、偏在性であるというような原因等もありまして、今日非常に遅れておることは申しわけないと考えております。私は、人間生活と飲料水の関係は一日もなおざりにできない重要な問題であると考えておりますので、基本的には全市にわたり早期にその対策を立てる必要があると痛感しております。特に氷見地区の飲料水事情は、相当緊急度を要することでありますし、また将来の西条市のビジョンの中でこの地区のもつ将来の役割等から考えましても、一日も早くその対策を立てる必要があると、そのように考えております」。

それは具体的には以下のような形で解決をしていく。この討議の二年後の昭和四四年（一九六九）に「氷見・橘簡易水道」ができる。そして平成一〇年に近隣の三つの簡易水道が合併して、「西部上水道」となる。ここでいう簡易水道と上水道との違いは水道法上の給水人口が五千人を超えると上水道とよぶという規模の変化に基づいた命名である。このように水に恵まれていない地区は、住民の要望に基づいて比較的はやく水道が設置されている。

またこの西条地方でもっともはやく水道設備ができたのは、昭和七年の飯岡村（一九四一年西条市に合併）である。飯岡村は高台に位置していたために、飲料水だけではなくて、田の用水さえも不足するところであった。そこで地元の巡査や青年団など村が一体となって水道設置に動いた。ただ、村財政が貧弱であったので設置がむずかしかったところ、「この時あたかも赤痢病の発生があった」（『西条市誌』）ので、村民の理解のもとに飯岡村信用組合から借り入れができたのである。この水道設備はのちに西条市に移管された。ここで重要なのは、日本の現在の上水道システムの先駆けとなった明治の上水道の設置が横浜などでのコレラの発生が契機となっていた事実である。すなわち公衆衛生上、必要があって近代の水道が生まれたのである。そのため、上水道以外による飲料水の確保においては、公衆衛生上の配慮が不可欠であることはいうまでもない。

(4)水質のバラツキ

狭い地域でさえ、水質にバラツキのあるところがある。西条市域の地区名を明示しないが、その地区に行って聞いてみると以下のとおりであった。その地区は上・中・下の三つの組に分かれている。上組は水にたいへん恵まれていて、うちぬきの水と井戸のポンプアップの水を利用している。上組の人たちは、うまい水でコーヒーの味が違うといって、水に誇りをもっている。中組の人たちは上組ほどによい水ではないが、とりあえず満足をして使っている。中組に集落全体の神社があり、そこから下と下組は水に恵まれていない。下組では海に近いこともあって塩分が多い水となっている。そのため、いまから一〇年ほどまえに上水道が設置された。中組は場所によると、上水道と、もともとの井戸の両方が使えるが、中組のある人によると、上水道を設置できるというので、一〇万円ほど出して、水道管を自宅に接続したが、この上水道の水は「においがあるし、夏はぬるく、冬は冷たい」ので、もうこれを使うのを止めて元の井戸を使おうかと思うといっていた。下組になると、もっと深刻である。上組とは同じ集落なのに、上水道代としてお金を払っているうえに、上組よりもまずい水を飲んでいるので、はっきりいって「くやしい」という言い方をしていた。

(5)弘法水

うちぬきの中でも、陣屋跡から一・三キロメートル北に向かった海辺にある弘法水は有名である。それは海中にあり、潮が引いた浅瀬になったときに、湧き水が出るというのが本来であった。**写真3**は天保一三(一八四二)年に発行された『西条誌』に挿入されている絵からの転載であるが、絵の右端に海中から湧き出ている水が観察できよう。『西条誌』にいう。「鉄砲場の少し下《しも》海中にあり。潮退きたる時、往きて見れば、少しの穴より清水湧き出ず、溜となりし処三尺許《ばかり》もあり、弘法大師の加持水なりといい伝う」と。

この井戸は現在では海中に石組みをつくり、潮の満ち引きに関係なく水が入手できるようになっている。吸い上げポンプの発達のおかげである(**写真4**)。この水は海中から湧き出しているにもかかわらず、塩気がなく、おいしい水として知られている。そのため、近隣の人たちの利用だけではなく、遠くからも水を求めて人がやってくる。この弘法水のある地元では、飲用、煮炊きの水は弘法井戸の水を用い、風呂などそれ以外の水は自宅の井戸の水を使うという家庭が多かった。なぜかというと、ある人の説明では、家の井戸の水はわからないほどだが、ほんの少し塩分が含まれているような気がする、それで、このように分けて利用するのだという。

この弘法井戸の維持は地元の人たちによって担われている。地元といっても現在は三人のボランティアが清掃などの維持管理業務を行っている。特定の組織は存在しない。弘法様がまつってあるため、その前に賽銭箱があり、そのお賽銭が一週間で四千円ほど入るので、それを維持費として使っている。このお賽銭収入で切れた電球を替えたり、お線香を購入したりしている。その結果、つねに弘法井戸の周辺は清浄に保たれている。

このように清掃作業などを維持する組織は存在しないが、台風などによってこの施設が大幅に壊れたばあいは、自治会が対応するのではないかと地元の人たちは思っている。

写真３　江戸時代の弘法水

写真４　現在の弘法水

⑹市民の活動

水についての市民の活動は、はっきり言って活発ではない。例外的に「観音水・新町川を美しくする会」があるだけである。この会はかつてこの川が工場排水によって汚染がひどいときに、市役所の肝いりで誕生した市民組織であり、いまも川の近隣の市民が中心になって清掃活動などの活動をつづけている。清掃活動は年に二回おこなっており、一〇〇人～二〇〇人ほどがそれに参加している。鮎や鯉の放流をおこなっているし、かつては蛍の育成をしたこともある。環境ＮＰＯといえよう。

市民は自分たちの水に誇りをもっていることは事実であり、他の地域の人たちに自慢をしたりすることがないわけではない。けれども、市内の各地で丁寧に聞いていくと、豊富な水が自分が生まれたときからあったので「あたりまえ」という感覚が強く、水に対する関心が薄い。この西条では、日本の他の湧き水地帯のように水に対するつよい信仰が見られないことからもそれを指摘できるかもしれない。水神信仰もほぼ見られないといってもよいであろう。個人所有のうちぬきでは、年に二回ぐらいの掃除でとくに問題はないようである。

ただ、水に対する誇りと関連して、住民の中には、このうちぬきの水は病気に効くという考えの人たちもいる。このお水のおかげで病気が治ったというような表現である。また、他の表現としては、この水は「生きている」という言い方をする人もいた。この湧き出たばかりの水が「生きている」という指摘は、水と健康との関わりを研究している文献にいう水の「活性」となんらかの関連があるかもしれない。こうした特定の水を飲むと病気が治るという指摘は日本のいくつかの湧き水を訪れたときに聞くことができたし、また、フランスのルルドの水やポルトガルのルゾの水などが知られているので、それほど突飛な指摘ではない。

ともあれ、このようなことから、あえて、水についてのなんらかの活動をする必然性を感じないようである。

そのため、市内の農村部でさえも、農業水利は別にして、この飲食に不可欠なうちぬきの水に対してはとくに集落で特別な組織をもっているわけではない。先ほど紹介した弘法水が目立つ程度であるが、それも自治会などのフォーマルな住民組織がキチンと関与しているわけではない。かなりの数のマンションやアパートがある市街地ではもちろんそのような組織はない。

(7)水の景観の整備

西条市は水にかかわる将来の構想についてかなりしっかりした考え方をもっている。市の周辺部など水量が不安定であったり、不足している地域は水道事業を維持し、必要ならあらたに設置する。他方、水が豊富でうちぬきなどにより地下から自分で水を得ている地域には水道を設置しない。それは住民が希望していないことにもよる。ただ、地震など予測のむずかしい災害が将来的におこる可能性もあり、豊富な地下水が突然になくなるという万が一のこともあると想定し、市の単独予算で地下の滞水帯の構造や地下水の流れについて調査をしている。

伊藤宏太郎氏の市長就任期の一九九五年から水についての科学的な調査を開始した。市の説明によると、一九九六年から七二〇〇万円をかけて地下水についての地質学的な調査を四年間おこなった。さらに二〇〇七年から一億五〇〇〇万円の予算をかけて、水の循環についての水文学的な調査と水質調査をおこなっている。いま述べたようにこれが市の単独予算というところに市の明確な意志が示されている。

財政課の資料によると西条市の財政状態はつぎのとおりである。西条市そのものは財政力指数が〇・七七というよい数値である。財政的には苦しくないといいえる。他方、いわゆる借金ともいえる「将来負担比率」(起債残高などから影響をうける）があまりよくないので、新規事業のために地方債の発行（借金）を気楽におこなえる環境にはない。それにもかかわらず、かなりの費用をかけて水についての調査の単独予算を入れているところに市の責任ある姿勢を読み取ることができる。

現在、市の中心部には、水という目で見ると、水の都にふさわしいさまざまな親水のせせらぎ、また街角にはうちぬきや市民が楽しむための井戸ポンプが設置されたりしている。それらはこまやかな心くばりがあり、市民にかぎらず観光客も満足するものであろう。しかしながら、水にかかわる全国の市町村を巡ってきた者の目からすると、それは十全に満足するものではなくて、少し違和感のある施設がある事実も否定できない。

それらの景観を形成したであろう時期の国からの西条市への補助事業を並べてみると、つぎのとおりである。すなわち、名水百選「うちぬき」環境庁（一九八五年）、「アクアトピア構想」（親水都市）建設省（一九八五年）、「ウオーター・スクウェアプラン」建設省（一九八七年）、「ふるさとの川・モデル河川」建設省（一九八八年）などである。おそらくこのような国からの補助金なしには、「水の都」といえるような景観を形成することがむずかしかったであろう。その結果、かつては製紙工場などがあって、川が汚染されていたが、それを市と市民による組織とが協力して、現在みる整備された「水の都」ができあがったのである。

しかしながら、これらの国の補助金は、やや「総合整備事業」的な側面をもつ。たんに特定の施設のための整備ではなくて、面的な整備を要求する傾向が大なり小なりある。それがよかれと考えて国は面的な発想になったのであるが、その補助を受ける側は必ずしも総合的な整備を狙いとしているわけではない。

私の個人的な経験をいえば、西南日本のある市の話であるが、そこの水場があまりにも魅力のない〝整備〟された親水公園になっていた。その理由をさぐると、そこのコミュニティでは、公民館がかなり傷んでいてその補助金を探ったのであるが、国の補助金は総合整備事業の側面をもっていたため、本来地元が必要な公民館の建て替えだけではなくて、近隣の水場を親水公園に変える必要があった。親水公園は地元の本来のねらいではなかったから、いわば〝魂〟が入っていないわけで、その結果、なにか魅力のない公園になってしまったのである。

それと類似の現象がこの西条市でも起きたといえる。それを具体的に述べることは差し控えるが、ほとんど利用されていない水にかかわる構造物がその時期にできている。もっとも、これは必ずしも西条市の責任であるとはいえないかもしれない。

⑻将来の水の政策のなにが問題か

西条市はうちぬきを典型とするような地下水に恵まれている。しかし恵まれているが故のむずかしい問題がないわけではない。市の水道普及率はおよそ五〇パーセント（二〇一〇年、四九・二パーセント）である。しかし市の関係者によると、水道管を接続していても、水道を使わない家庭がかなりあり、実際は、普及率は三〇パーセントほどであろうと推測している。

市の中心部分を水道整備事業の計画外におくという他の市からみると想像ができないような水にかかわる自然的・歴史的環境をもっている。それが西条市の特徴であるが、この中心部分にかぎらず、西条市域のかなりの地区では、うちぬきなどによる地下水の利用が主流となっている。このうちぬきは自分たちの屋敷地を掘ればよいので、それは私的所有物となる。私的なものであるので、他の人たちと連携をして水の問題を考えたり、コミュニティで組織的に水の組織をつくったりする必然性がたいへん弱くなる。

つまり「水はみんなのもの」、あるいは「水をみんなで守ろう」という発想がとても弱い。たとえば、東北のある村落ではその小川は村落の上流の人も下流の人も飲用も含めて、生活水として使うので、とりわけ上流の人たちは細心の心くばりをして水を使っているし、下流の人たちはその心づかいに感謝をしている。そしてその小川の保全のためにたいへんしっかりした組織ができている。だが、そのような必要がここではないのである。水を「みんなのもの」と考えるチャンネルがないのである。

また、行政の「水の都」としての整備は、いわゆる親水公園的な整備であった。市の中心部にはせせらぎがあり、コイが放たれている。せせらぎに沿って、市民が散策できたり、ベンチに座ってせせらぎを眺めたりできる。ひとことでいえば、景観としての水場となっている。

もちろんうちぬきは市外の人たちが水を汲みに来たり、観光客がのどを潤したりはしているが、計画全体の考え方は、景観としての「水の都」となっており、それは本来の意味での市民たちの水の都とはなっていないかもしれない。もし市民に自分たちの水という発想を期待するならば、「景観」から「利用」としてのせせらぎへとその哲学を変える必要があろう。

前章に紹介した嘉島町では、大きな湧き水の池のような川にプールの枠組みを浮かべていた。底が川砂になっているプールである。これは子どもたちによる水の利用の一種である。このように「利用」をすれば、人びとの意識はみんなのものに近づいていく。このような利用論への変化を期待する。

ただ先にも述べたように、西条市役所はその改善に向けて、しっかりした理解をしている。水量のいっそうの安定化のために、山の緑化の推進や下水道の一層の整備に力を入れている。自分たちの地域の地下水を利用する市町村では、どこでもその必要性を感じるものであり、この西条市も例外ではない。さらに、その地域の水が安定的にそして清浄に保たれる限り、それらの地域を水源として利用する他の地域の上水道地帯も恩恵を受けるので、このような考え方は貴重である。

参考文献

西条市編『西条市生活文化史』一九九一　西条市。
日野和煦編纂　一八四二　『西条誌』愛媛県歴史文化博物館蔵（本書では西条市保有のものを使用したが、インターネットを通じて『西条誌』稿本の全頁をみることができる）。

5 湧水利用と使い勝手のよさとは？ ——沖縄県本島南部

1 なぜ地元の水を飲まなくなったのか

各地の湧き水の利用が廃れつづけている。つまりその利用施設が廃棄されたり公園化したりしていっている。このような現実に対して、公園化以外の有用な選択肢があるのだろうか。

「公園化」は一見望ましいように見えるが、現場に行ってみると、それは地元の生活から遊離したよそよそしいものになっていることが少なくない。この「湧き水施設の地元の生活からの遊離」という課題を分析するために、やや突飛な手法であるが、その施設の「使い勝手の良さ」（ユーザビリティ）という視点から分析してみようと思う。

そもそも湧き水は集落などのコミュニティ内で湧き出したものを、その地元の人たちが利用していたものである。だが現在、各地で上水道の普及によって、その必要度が落ちたと判断されている。一方で、上水道をどんどんと普及させていくことが、グローバルな視野に立ったときに、かなりの深刻な問題をもっていることが最近、識者たちによって指摘されはじめた[1]。上水道は必要以上に水を使用する傾向があるからである。すなわち、地球規模での淡水不足が問題にされはじめたのであるが、日本の私たちは他の国々に比べると淡水に恵まれている地域に住んでいる。けれども、それでも不足は免れ難いし、また生活の変化による淡水の汚染の問題がある。飲料水の汚染にたいしては、私たちはペットボトルを購入することで対応しはじめた。沖縄は日本の中でもとりわけ淡水不足に悩んでいる地域である。それへの対応としては、塩分をかなり除去した海水の淡水への混入と、沖縄本島でいえば、北部のヤンバル地方を中心としたいくつかのダム建設で応えている。

ヤンバル地方は周知のように、恵まれた森林地帯をもっている。ダムが森林を破壊し、絶滅が危惧されているヤンバルクイナの棲息を危うくしていると環境保護団体を中心に反対運動が行われている。

他方、沖縄北部のダムの水の恩恵を受けている沖縄南部では糸満市や南城市を中心にして、那覇市、宜野湾市など多くの地域で湧き水(ヒージャー、カー、泉水)が滔々と流れているが、現在ではそれが農業用水利用以外ではほとんど使用されなくなって、海に流出してしまっている。

どうして沖縄南部の人たちが地元の水を利用しなくなって、遠いヤンバル地方の水を利用してしまうような歪なことが生じてしまったのだろうか。

この理由として、中央政府からの必要以上の公共事業費の予算計上(沖縄返還にもとづく公共事業予算の飛躍的増大、それが安易なダム建設に結びついた)など、いくつかの理由が考えられるが、もっとも問題なのは、地元の人たちの態度である。すなわち、自分たちの伝統的な水利用を安易に捨てて良しとする考えがないとは言い切れない。

たしかに、伝統的な水利用と近代的な上水道とを比較すれば、それぞれに長所と欠点がある。上水道の長所にも留意しながらも、伝統的な水利用やその施設のもつ意味について検討をし、伝統的な水利用や施設がもつ積極的価値を再評価できる可能性を探りたい。

2　沖縄の湧き水施設の利用

この節では、沖縄南部の湧き水群のうち[2]、本章の目的にとって代表性をもつと想定される三つの湧き水施設をとりあげる。これら三つはいずれも歴史的建造物ともいえる壮大な施設で、近郷の人たちは誰でも知っているほどのものである。他方、どの集落にも、集落外の人たちには知られていない小さな泉水もある。それはほんの数軒だけの共同利用施設でそのほとんどは現在は〝小さな穴〟として放置されている。

その三つとは南城市（旧玉城村）にある垣花ヒージャー（樋川）と仲村渠ヒージャー、および糸満市（旧大里村）にある嘉手志ガー（川）である。それぞれに共通点と個性があるため、個別に丁寧に実態を記述する。その後、節を改めて「使い勝手のよさ」についての分析に入りたい。

(1)　垣花樋川《かきのはなヒージャー》　南城市垣花

巨大な石造物

垣花ヒージャーは垣花集落の南側にある。石畳の長い小径をずっと降りていくと急に視界が開けて、そこに

写真１　垣花のイキガガー

蕩々と水が湧き出している巨大な石造物を見ることになる。森の中腹から水が湧き出ていて、流下していく南側は眼下にクレソンの田や水イモ畑とその先に海が見える。この垣花ヒージャーは一九八五（昭和六〇）年に環境庁の「名水百選」に選ばれた。沖縄ではここだけである。[3] 地元ではこの水がうまいと異口同音に自慢をしている。また、これは景観的にも卓越したものである。

流れ出てくる森に向かって上方の左手の流出口をイナグガー（女川）とよび、右側をイキガガー（男川）とよんでいる。このイキガガーはとりわけ壮大であり、沖縄の湧き水の写真といえば、必ずといってよいほどこれが登場する。このヒージャーの水は涸れたことがないし、どんな大雨がふっても濁ることがないということを地元では誇りにしている。

この上部にあるふたつのガーからの水は洗い場の先で、岩づたいに滝のように下に流れ落ちており、落ちたところが池のようにたゆたう川となっている。

そこはウマアミンガーという。言葉どおり馬が水浴びをする場所と考えられていた。この池の周辺は比較的ゆったりとした広場となっている。この池をさらに流下すると、下は段々状の耕地が広がり、その先は海となっている。

男女が体を洗うためにイナグガーおよびイキガガーというそれぞれ別の空間が設定されている。イナグガーの方にはかつては板囲いがあったが今はない。また、そこから飲料水をとったが、イキガガーの方が流量が多いので、そこの流れ落ちる手前で取水する人が少なくない。このヒージャーは現在も飲料水として使われており、簡易水道となって各家庭に配られている。この水の水質はきわめて良好である。ウマアミンガーの上の部分はリンの値が少し高いが（鳥越研究室測定）、それでもきれいな水である。

簡易水道に

いま述べたようにこの水は簡易水道になっていて、集落の多くの人はこの簡易水道の水を飲んでいる。この集落では現在は上水道も引かれており、簡易水道と上水道とが競合している。「数年前（二〇〇七年聞き取り）に、役所から上水道を引け、という話があって、引いているけれども使っていない家もある」と地元の人が指摘するように、その使い方は家によって異なる。その差異を**図5―1、5―2**で示した。中心部での悉皆調査をした。[4]家々は簡易水道だけ使っている家、上水道だけ使っている家、両者を使っている家から成り立っている。[5]

ふたつの図からいろいろ考えられる。簡易水道だけの家がかなりあるから数値全体としては図5―1の方が多くなっている。まず、簡易水道はその用途としてはかなり多方面に使われている。あえていえば、飲料、台所での煮炊きの水利用が少ない。簡易水道と上水道との両方ある家庭では、少しの差だが上水道を使ってい

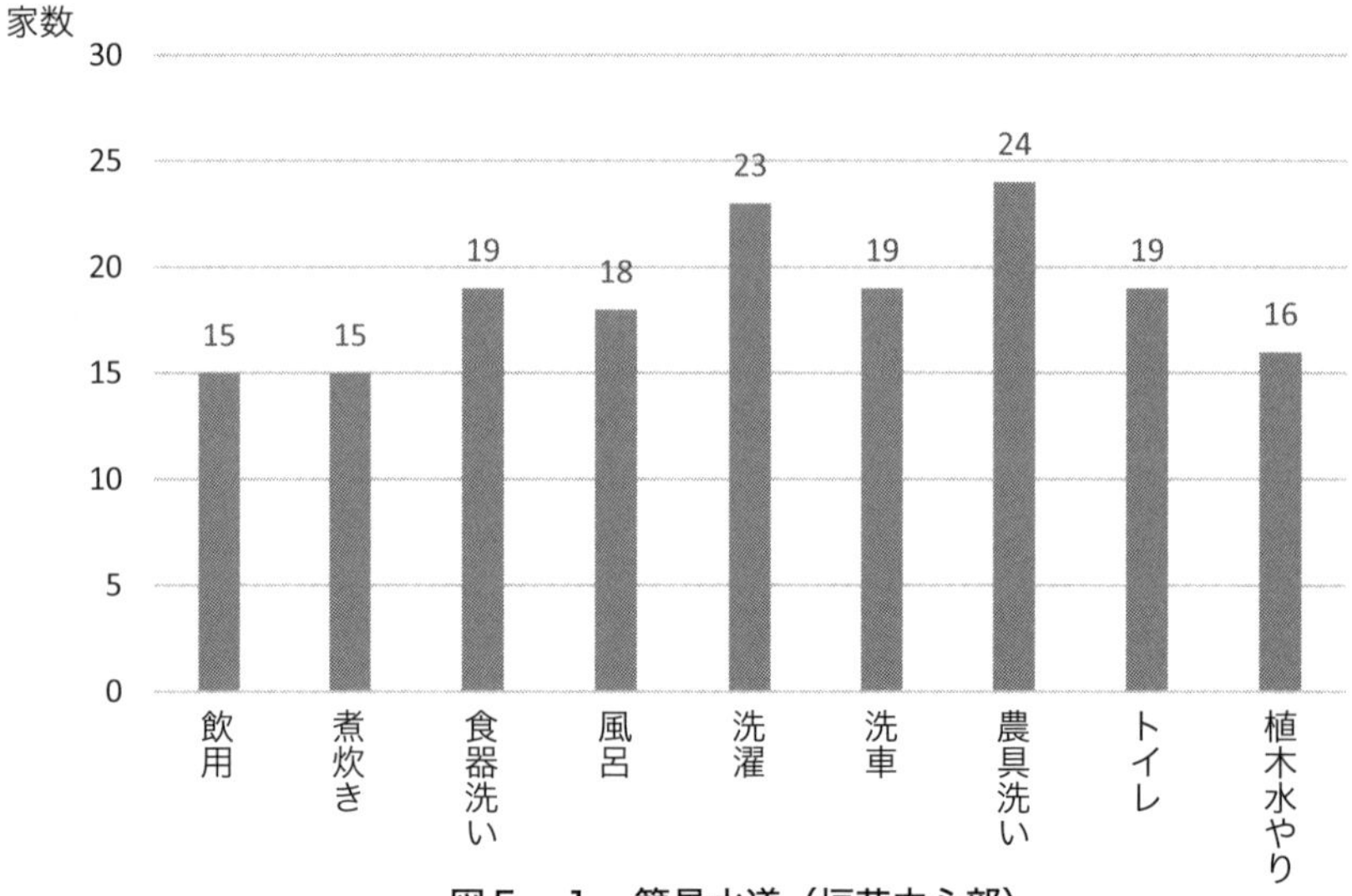

図５―１　簡易水道（垣花中心部）

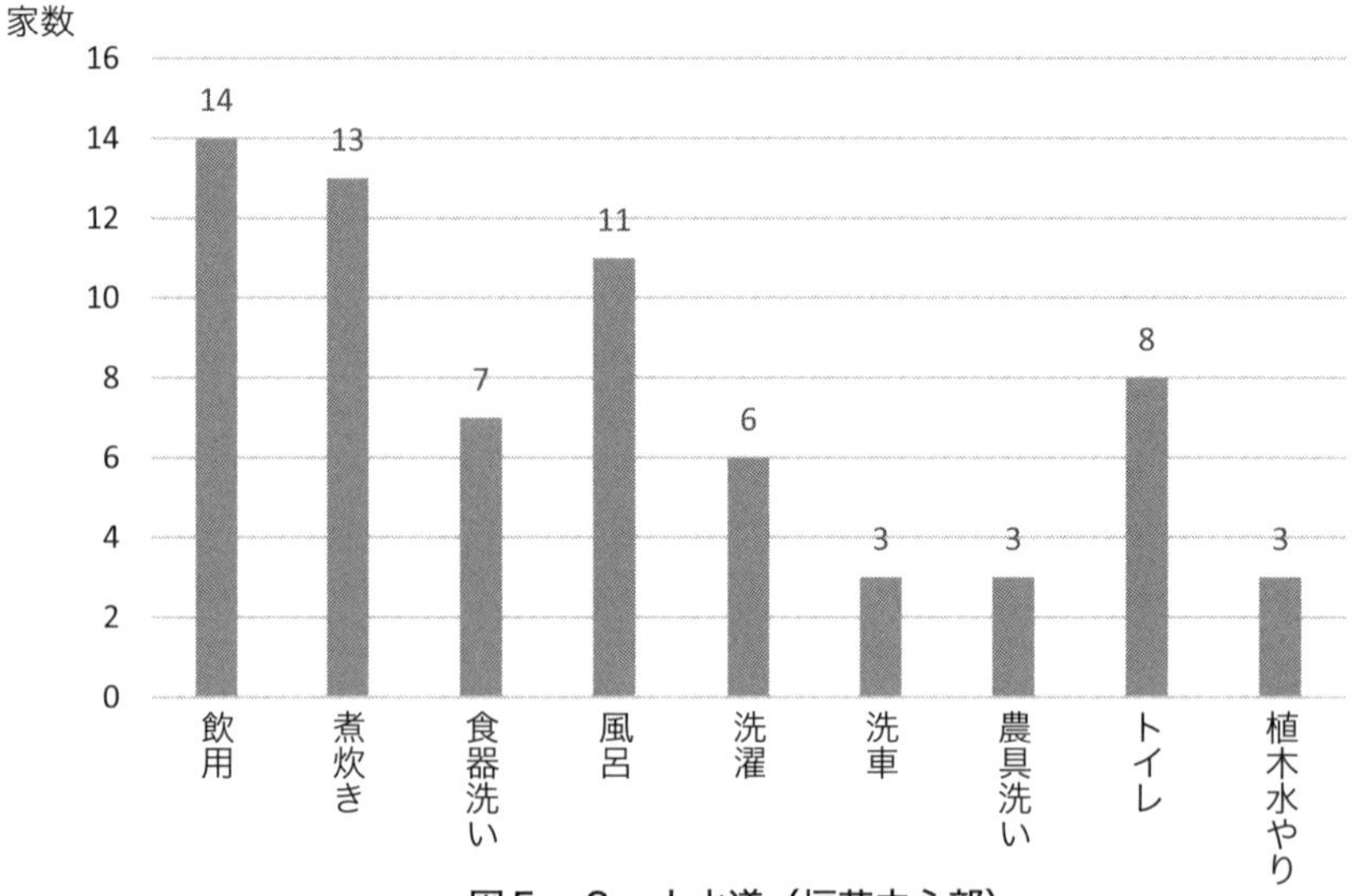

図５―２　上水道（垣花中心部）

（注）調査対象戸数 28 戸

るからであろう。また、二つの図を比較すると分かるように、簡易水道は洗濯や植木の水やりのような大量の水を使うのによく使われている。個別の聞き取りによると、両方の水道を引いている人は、簡易水道は費用が使用量と関係がなく一定であるうえに費用が安く（月一〇〇〇円）、他方、上水道は高いので、多量の水を使うときは簡易水道の方を使う、という言い方を複数の人がしていた。他方、図5―2の上水道をみると、飲用と煮炊きが多い。また風呂もそれについで多い。聞き取りによると、簡易水道には石灰が入っているからボイラーが傷むので、お風呂には上水道を使うという人が数人いた。

これらの図からみると、簡易水道と上水道の両方がある場合、上水道は「飲用」や「台所の煮炊き」によく使われている。ところが、個別の聞き取りでは上水道を飲料水として使っているという人でも、それを良く言う人がほとんどいない。ひとりだけが簡易水道は石灰が多いから良くないという言い方をしていただけで、他の人たちは（上水道は）ヤンバルの水だから上等じゃない、とか塩素が入っているから良くない、と言い、他方、簡易水道の水はヤカンに石灰がついて白くなるけれども、それをとくに問題とは思わない。逆にこの水を飲むと長寿になるとか、おいしいという言い方をしている。

この矛盾についてはうまく分からない。ただ、ある人は流しに簡易水道と上水道との両方の蛇口があるので、気分によって使い分けると答えて、両者の使い分けにそんなに明瞭な区分がない、と言っている。また別の人は、ヒヤリングでは上水道は引っ張ってきているので一応（やむなく）使うと答えた人が、その人の調査票では上水道の方に「飲用」と「台所の煮炊きの水利用」にマルをしているので、あえて上水道を使う場合は、飲用など口に入るものに使うことが数字に現れているのかもしれない。

もっとも、同じ集落の範域内でも、従来の居住区でないやや離れた場所に建っているアパートの人たちは簡易水道を引かせてもらっていないので、そもそもその存在を知らない人が多いことが調査で分かった。

また現在の水利用を聞いた調査票の数字では天水のことはほとんど出なかったが、個別の聞き取りでは水道の補助として、植木の水やりなどに天水をそれなりに便利に使っている家庭もある。とはいえ、すでに明確に過去のものとなりつつある。ただ多くの建物で天水タンクが目につき、天水を使ってきた伝統がなんとなく、緊急・補助用として天水タンクを設置させているのだろう。かつては小さな洗濯やお年寄りの水浴びに使ったりしていたそうである。

伝統的なヒージャーの使い方

伝統的なこのヒージャーの使い方は以下のごとくである。簡易水道ができる昭和二八年(一九五三)までは人力で水を運んだ。集落からはかなり傾斜のあるうえに距離もある石畳を上り下りしなければならなかったので、これはかなりの重労働だった。そのため、あまり他の村から嫁が来なかったという人もいたほどである。それで来ないこともないだろうとも思えるが、他方、そのような伝承をもつほどの重労働だったといえよう。[6]
この長い石畳の途中にベンチ状の平らな石があり、そこはナカユクイ石(中休み石)と呼ばれている。ここで一休みしたと説明板に書いてあるが、聞き取りでは、そんなところで休むのは高齢者だけで、若い女は休まずに一気に四〇メートルほどの標高差を登ったという。
男は天秤棒で、女は水桶(ターグ)を頭に乗せて運ぶことが多かった。けれどもこの仕事は、基本的には女の仕事で、頭に水をのせて、手に洗濯物をもって、腰に野菜をつけていたという話も聞かれた。あるいは肩に洗濯物、手に野菜という人もいた。ともあれ、これら三つを一緒に運ぶことも少なくなかったようだ。朝、昼、晩の三回汲んだという。子どもは早起きして学校にいくまえに余裕があれば三回、なければ二回。妊婦も運んでいたという。

なお、このヒージャーは飲用や体を洗う以外に、野菜を洗うことや洗濯などがあるが、これらは主に女性の仕事であるため、それらはイナグガーを使用したという。下のウマアミンガーは馬の水浴び場である。と言っても、水質としてもかなりよい数値であり、清冽である。そこも洗濯場であって、多様な用途で使用された。ここにヒライシ（平石）と呼ばれる洗濯石があり、そこで大きな洗濯物を洗った。いまもそこは小魚の影がみられるものの、かつてはウナギやエビ、貝もいて、子どもたちにとってはそれらを採ったり水浴びなど遊びとしても楽しめるところであった。

現在、このヒージャーの掃除は、婦人会が担当をしている。婦人会を三つの班に分け、班ごとに順番に一ヵ月に一回の割合で、日曜日の朝七時からはじめる。この掃除の日には五〜六回鐘をならす。そうすると当該班の各家庭から一人ずつが参加することになっている。老人会も手伝いをすることがあるという。

このヒージャーの水は先述したように、その先の眼下に広がる田の方へ流入するようになっている。かつては水稲や水イモ、クレソンの栽培をしていたが、現在は、主に畑とクレソンの栽培となっており、水利用の割合が減っている。

ヒージャーにかかわる信仰

この集落では信仰にかかわる大切な水は必ずヒージャーの水を使う。正月の若水を汲みにいくのは男性と決まっている。しかも若い人で、できれば子どものほうがよいとされる。あるいは家族の中でもっとも若い男性という言い方をする人もいた。正月以外にも、旧暦の六月二五日には綱引きの行事があるが、そのときにもヒージャーの水を使う。また、仏壇に供える水や墓参りのときにはここの水を汲んでいくのだという人がいた。子どもが生まれたときにこの水を汲んできて御飯を炊き、おにぎりをつくって近所の子どもに配るという習慣（ンバギー、カミガメンソー）があったが、戦後はなくなったという。なお、ヒージャーを拝む場合はイキガガーの方で拝む。写真1にみるようにイキガガーのすぐ横に水神様が祀られている。

この集落には垣花グスク（城）があり、このグスクは本土の神社に似た機能を一部もっている。たとえば、赤ん坊が生まれた場合、グスクに赤ん坊が生まれたという報告にいく。それはグスクにご先祖様がいると信じられているためだ。そのときに捧げる水もこのヒージャーの水である。

ちなみにこのグスクの興亡については不明である。野面積みの城壁の一部が残っている。野面積みとは自然の石灰岩を加工することなくそのまま積む方法で、もっとも古い城壁の工法である。グスクは山になっている。ただ、中国や日本の一部で見られる先祖の住む山の水が湧き水になっているという伝承、すなわち、このグスクの水がヒージャーに入っている、という伝承は現在のところ聞き取れていない。

ヒージャー以外に井戸と天水タンクが使用されていた。天水タンクは、ミズグラともいわれていた。井戸はけっこう深くて汲み上げるのにたいへんだったという。また、井戸は涸れやすく、ヒージャーにはその心配がなかった。

ヒージャーについての評価

ヒージャーの水についての評価であるが、ヒージャー（簡易水道）はシマ（集落）の水、上水道はクニの水。クニの水はいろんなものが入っていて危険だから飲みたくない。シマの水を飲めば長生きするし、美人になるという言い方をした人がいた。また、この水は「神の水」「部落の水」「長寿の水」という評価をしており、他の地域に住む親戚からも、この水はおいしいと言われると誇りにしている人もいた。

ヒージャーについては集落の高齢者のほとんどの人たちは多弁である。そこで水浴びをして遊んだり、皆が集まって楽しかったし、他方、そこは水運びという重労働を要求する場であったので、実際は苦労話の方が多い。けれども多弁になるのは、なんといっても、そこは日常の人間関係をつくる社交の場であったからだ。そこに行けば誰とも出会え、誰とも遊べたからである。着物を洗ったりした後、石段にそれを拡げて乾くまで水遊びをしたというような想い出をもつ人たちもいる。男は農作業の後の水浴びに、女は洗濯などにと、かつては毎日、いろんな人と出会える場としてこのヒージャーが存在していた。

だが、ヒージャーがその機能の多くを失うことによって、同時に、集落の人たちといつも会える機会というものを集落は喪失した。多くの人と会えるのは綱引き行事や掃除のときだけになって淋しい、と人びとは私たちに回答してくれるものの、時代の流れでしょうがないことだという諦めに似た考え方のようであった。

ヒージャーの公園化

このヒージャーが次第に実用的な用途を弱めていき、地元の人たちもめったに行くことがなくなった現状において、市長と市の関係部局と面談をしたところ、市としてはそれを公園にして観光の目玉のひとつにしたいという意向であった。そしてその考えのもとに整備をしていくという方針も打ち出している。長い石段を観光客が登り下りするのはたいへんなので、車で横付けできるように、ウマアミンガーの標高のところへ横から舗装道路をつけようという計画がもちあがり、長い期間、舗装道路はその半分ぐらいまで施行されていた。それは地元で舗装道路に対して賛否両論があったからである。ただ現在では道路は完成している。また、二〇〇七(平成一九)年度にこの舗装道路から柵をつけた歩道がつくられた。この歩道から観光客がクレソンを盗らないように金網をしてクレソンの田と観光客を分断している。

この公園化・観光化について比較的丁寧に聞き取りをしたが、自分たちが反対しているのに無視して行政が行ったという人や、観光化するなら市が中心になってやって欲しい、と多様である。区長など責任者はよく考えているのだろうが、印象としては一般の人たちは関心が弱く、「されるがまま」という感じがする。少なくとも地元で十分な検討と合意は行われていないようである。

⑵仲村渠樋川《なかんだかりヒージャー》　南城市玉城仲村渠

四つの利用空間

仲村渠ヒージャーは旧玉城村の仲村渠集落のほぼ中央に位置している。このヒージャーを中心に集落が形成されたのだろう。仲村渠ヒージャーの利用区域は大きく四つの空間に分かれる。ひとつは男性が体を洗ったりする場所で、それをイキガガー(男川)という。**写真2**の中央の広い空間である。ついで、向かってその右側が、女性が体を洗う空間で、イナグガー(女川)と呼ばれている。この女性の空間は見えないように石垣で覆われている(写真の右端の石垣)。女性が体を洗う場所がこのように石垣で囲まれているところはそれほど多くはない。垣花がそうであったように板囲いが多かったようである。ただ、戦時中の機銃掃射によって石垣がかなり崩れたので、今はそのうちの半分が新しく改修されている。もっとも、女性が体を洗うときは、うすい布を一枚ま

写真2　仲村渠ヒージャー

とって洗ったという。その奥に風呂場があり、それは一〇数年前の補助金を得た修復時に復元されたものである。五右衛門風呂だが、その歴史的経緯はつまびらかでない。それほど歴史的に古くはないと想定される。地元では戦前に造ったと言っている。

男性の洗い場空間であるこのイキガガーは、現在、足下がセメントで覆われていてすべりやすいが、これは数年前に覆われたもので、それ以前は平石が敷き詰められていた。

イモ洗い場と牛や馬の洗い場

この洗い場の少し下側が**写真3**でも分かるように少しへこんでいて、そこはイモアライバと呼ばれている空間である。この村の主要な食糧であったイモ（サツマイモ）がここで洗われたのである。竹ザルのなかにイモを入れ、上から足踏みをしてイモを洗った。多いときには、数人が一度にここで洗い物をした。

このヒージャーの水は、道路をへだてて下のやや広

写真3　イモ洗い場　中央のへこんだところ

い空間に入り、そこには二〇メートル幅ほどの池がかつてはあった。その池は牛や馬の洗い場であり、夕方になると牛や馬が洗われた。池には、鯉も飼われており、この鯉は漢方薬の一種として使われた。煎じてその汁を飲むと病気に効いたという。内地のようにふつうの料理として鯉は食べられることはなくて、食用の魚はすべて海の魚である。このいわば薬用の鯉は値打ちがあって、他の集落からも購入する人たちがいた。なぜなら、この地域は淡水の川や池がきわめて少ないので、鯉を養殖する場所はかなり限られていたからである。この池は、現在埋め立てられて小さな草原になっているが、その空間は現在も集落の共有地である。以上の四つの空間からヒージャーは成り立っている。なお、洗濯や野菜などもその汚れに応じて、この四ヵ所のいずれかで洗った。

モアソビや人が集まる空間

かつては池の周辺の空間は田として使われていた

が、現在は畑として使われている。村の共有地はこの池以外に、農作物の干し場として、村に五ヵ所ほどの広場があった。現在は、そこはたんなる空き地や公園として使用されている。そういう野原は、地元ではモと呼び、たとえばモアソビという言葉がある。このモアソビとは、若い男女が、仕事が終わったあとでサンシンなどを持ち出して遊んだ。池と数枚の田の先が海に面したモアソビの場所だったが、いまはその一部が崩れて海に落ち込んだので、それほど広いモではなくなった。そこのモアソビで、男女が親しくなる機会があったので、この集落では見合いよりも恋愛結婚のほうが多かったという。ともあれ、ヒージャーのある場所が人びとの集まるところであり、ある意味で集落の中心だったのである。

このヒージャーの水は、かつては飲料水として使われていて、各家庭は一日に両天秤で五～六往復した。ただ戦後は上流に設けられた米軍基地内にある家族宿舎の水洗のトイレの水などの汚水がここに流入したために、またその後、その場所はゴルフ場に変わったが、ゴルフ場は芝のために多量の農薬を使っているだろうという推測のために、地元では飲料水としては使っていない。不安であるからだという。また、その不安のためにこのヒージャーの水を簡易水道としても利用していない。この集落には上水道が完備されるまで、簡易水道の水がよく使われていたが、それは隣の垣花と同じ水源のものを使っていた。ある人は、水道料金が高いので、飲めるのだったらヒージャーの水を飲みたい、という言い方をしている。

現在でも数は減ったものの、農作業が終わった後に、農具や手足、農作物を洗う姿がここでみられる。また汚れたマットなど家で洗いにくいものをここで洗ったりするという。この水は農業灌漑用として現在も使われている。

仲村渠集落は字を単位として七つの班に分かれているが、ヒージャーの管理はこのヒージャーとあまり関係のない一つの班を除いた六つの班で交代で隔週に掃除を行っている。

それ以外に、家庭によっては天水タンクがあり、それは畑やトイレ、庭木用として使っている。最近建てられる家では、はじめから天水を地下に溜めるように造っているところもある。また伝統的には、屋敷地の一部の空間を掘って、そこに水を溜めた。それは洗い物や家畜の飲用として主に使われたが、まれに人間の飲用としても使われることがあったという。井戸もあったが、ヒージャーと同じ心配があるため埋めてしまった。

仲村渠の水神

なお、この仲村渠ヒージャーは沖縄の聖地巡礼としての東御廻り(アガリウマーイ)の巡礼地のひとつに数えられており、この仲村渠ヒージャーの水神を拝みに来る人が少なくない。東御廻りとは今帰仁上りと並び称される沖縄の聖地巡礼のひとつであり、ア

写真４　仲村渠の水神

マミキヨ族の渡来に関わるものである。また地元では、このヒージャーには正月に健康のお祈りをしに来るという。それ以外に、集落の代表的な行事である「綱引き」のときもこのヒージャーの水を使うことになっている。

現在みられる仲村渠ヒージャーは、一九一二（大正元）年にその当時としてはめずらしかったコンクリートを使って造られた。玉城村役場企画財政室編『玉城村グスクとカー』（一九九七）は「大正元年に津堅島の石工を雇い築造」されたと述べている。それは地元の誇りでもあった。それ以前は、松の丸太をくり貫いた一本の樋から湧き水を流すものであったからだ。その後、何度かの改修があり、平成に入ってできるだけ元の形にもどそうという話がおこり、国などの補助をうけて二〇〇三（平成一五）年に修復が完了した。なお、下のため池の復元については現在のところ賛否両論があり、実行されていない。また、ヒージャーは滑りやすいからか、数カ所にかなり無粋な「注意」と書かれた看板がある。それはこの看板があれば、事故があっても集落の責任にならないということで、市にお願いして看板をたてたのだそうだ。

⑶嘉手志川《かでしガー》　糸満市字大里

飲用水として適さない

嘉手志ガーでは湧き出た水の前面が大きな池になっている。その中に入って洗濯ができるし、子どもたちは水遊びができるし、魚も泳いでいる。嘉手志ガーはとりわけ水量が豊富である。ガーの利用権はこの集落に限らず、「みんなのもの」という発想がある。「ガーの水は使えば使うほど湧く水が増える」という言い伝えがあることもあり、利用に関わるトラブルはいままでにもないという。

この集落にも上水道が来ており、またこの嘉手志ガーの水を使って簡易水道も各家に配備されている。現在

写真５　嘉手志ガー

では、すでにこの水は飲料水としては適さないと集落の人たちに受け取られている。実際、われわれの水質調査でも[7]、たしかに飲用としては、ややむずかしい数値が出ている。湧き水が流出した地点でも、CODが二・三、チッソが六・〇七、リンが〇・〇三二である。比較のめやすのために、日本で最大の湖の琵琶湖のうちの北湖というきれいな場所の水質の値を示すと、CODが二・五、チッソが〇・三、リンが〇・〇一である。比較をすればチッソもリンも高濃度であることが分かる。飲用の目安としてはCOD値が一・〇以下であろう。上流にゴルフ場ができたことが、汚染の原因であると地元の多くの人たちが指摘していた。ゴルフ場では芝生の管理のために農薬と肥料が投入され、肥料で言うとチッソ、リン、カリウムが周辺の河川よりも高濃度になることが多くの調査によって知られている。カリウムは測定していないが、ここでもチッソとリンが高濃度であることから、地元住民の指摘は正しいだろうと想定される。また、これらが高濃度であることは、われわれは調べなかったが同様にかなりの量の農薬も流入していることも予想される。したがって、飲料水として適さないという住民の判断は正しいであろう。

洗濯と遊びができる

現在のガーの利用は、主に洗濯（ただし、とくに汚いもの）および自家菜園用である。それと夏場の子どもの水遊びである。それに加えて若水など儀礼上の利用もある。また、この水は簡易水道として各戸に配置されていると先に述べたが、その用途は、飲用ではなく、農業用水、家庭菜園、車の洗浄、および洗濯である。垣花でもそうであったが、簡易水道は利用料金が月額固定であるために、利用量の多いものは簡易水道を使うことになる。上水道は「沖縄北部から水を運び、消毒した水」

写真６　子どもの水遊び

と理解され、それが飲用となっており、それをおいしい水だと言っている人も少なくない。また、簡易水道の水は石灰を多く含むので、故障を避けるために、洗濯機の水は上水道を使うという人たちが少なからずいた。また、天水利用もあり、軟水を好むお年寄りが飲用（お茶にして飲む）として使ったり、洗濯用として使われることがある。ただ、天水のタンクはすべての家庭が取り付けているわけではない。

なお、水道の設置以前においては、このガーがすべての水利用の要求を満たしていたのであり、体を洗うのもガーで行っていたため、三メートル幅ほどの大きさの女性用の囲いが設けられていた。その頃は水汲みも日課となっており、なんといってもこのガーの場所が全員のコミュニケーションの場であったという。また、かつては池で鯉の養殖もしていた。

水道があるので飲めないガーには行かない

しかし現在は、水道があるのでガーにはほとんど行かない、という答え方の人が多かった。現在、ガーは水質の問題などいろいろ問題があるようにも思うが、とくに使わないから不満はないと答える人たちもいた。

地元の人たちが共通にもっている嘉手志ガー（地元ではウフ（大きい）ガーともいう）の伝説が二つある。「昔は部落が現在とはガーの逆側にあった。ある日、部落の農家の犬が雨も降っていないのにずぶ濡れになって帰ってきた。それが何回もつづき、変に思って犬の後をつけると、湧き水があった。それでガーに近いところに部落を移した」[8]。もうひとつは山南王滅亡伝説である。「琉球が中山、山南、山北という三山に分かれていた頃、この部落をまとめていた山南王が、中山王に金の屏風と引き替えに、この水の豊かな嘉手志ガーを譲ってしまった。そのため人びとは泉を使えなくなって困窮し、それが原因で山南王は滅びてしまった」。なお、この嘉手志ガーは大里にあるが、大里按司が山南王になったのである。したがって、ここは山南王の拠点の場所であった。

水にかかわる信仰

ガーには水神が祀られている。その信仰は昔ほどではないと言うものの、今もきちんと守られている。この水神の祀りは三種ある。ひとつはオマチイと言われるものである。豊作祈願であり、旧暦の二月一五日、五月一五日、六月一五日の三回行われる。ふたつめはミジナリイといって、門中単位で部落内のすべてのガーに拝みに行く水への感謝の行事である。三つめが、ミジュウガンという祀りである。これは火事で家が焼けると、その後、その家に水をかけるという儀式である。これは火の神に対立する水の神という考え方から来ているという。この儀式は実際に火事が生じなくても毎年行われている。場所は集落の入り口で行われ、簡易の家を造り、それを燃やしてから水をかける。旧暦の十一月の第一巳の日に行う。

正月元旦には嘉手志ガーで若い男性が若水を汲む。本来はそうであるが、いまは小学生などの子どもたちがお年玉をもらう目的で若水を汲んで各戸に配ることが多くなった。若水は嘉手志ガーの奥にある「チョンチョンガー」（ちょんちょんと水が湧き出ているからその名がついた）と呼ばれる湧き水から得る。元旦の五時くらいの夜明け前に汲む。最近では水道水を使う人も出てきたという。若水の利用としては、一般的には、若水を神棚と仏壇に供え健康を祈願するのと、それをお茶にして飲むことである。若水を沸かしたお茶をウチャトウと言う。また、その年に生まれた赤ん坊がいる家庭ではそのおでここにこの水を三回つける。

嘉手志ガーを隣接の与座ガーのように公園化する計画が起こったことがある。しかし地元の説明では、糸満市長に就任した人が出身の集落を優先的に公園化・整備をしたために、嘉手志は計画倒れに終わったという。地元の住民の中には、嘉手志ガーの公園化を望む声もある。見栄えがよいし、掃除が楽になるからだという。現在、部落を八班に分け、月に一度掃除をしている。

3　地元の立場からのユーザビリティ

(1)水についての評価の違い

この三つの事例を通じてどのようなことが言えるであろうか。まず水についての評価であるが、これはこの三つの湧き水の条件が異なるので、かえってその差異から、明瞭にある傾向性を知ることができる。

すなわち、基本的には人びとは地元の水に誇りをもっている。そして飲料水としても「うまい」と自慢をしている。じつは、沖縄に限らず日本や東アジアの多くの地域の湧き水を調査している経験からして、石灰岩中から湧出する沖縄南部の水はそんなにうまくないだろうと思っていたのだが、やはり地元の水は「うまい」と考えられているようだ。とくに垣花ヒージャーの評価が高い。ただ、現実は水の汚れ具合と比例しており、水が汚れるにしたがって、飲料水は上水道への依存となってくるし、上水道の評価(消毒しているという言い方をする人もいる)へと変わってきている。

また、上水道と簡易水道の設置が、水運びの重労働から女性と子どもを開放したことが大きい。洗濯においても、湧き水施設までわざわざ行かなくて、家の中でできるようになった。嘉手志ガーがもっとも強く洗濯の風習がまだ残っているが、それは主に大きな洗濯物など、限られた洗濯になっている。また、どの湧き水施設でも農作物を洗う姿がときには見られる。

水を運ぶ労働力の軽減と引き替えに、地元の人たちが常に集まる場所、すなわちコミュニケーションの場の喪失となった。このコミュニケーションの場の喪失という問題は地元では当初はあまり意識されていなかったが、ボディ・ブローのようにゆっくりと人びとの間で感じられるようになってきた。お年寄りや子どもは家に籠もりがちになり、聞き取りによると、そのことを淋しいと答える高齢者も少なからずいたが、時代の流れでしかたのないことだという捉え方をしている人も多い。

原則的には変化がないものはふたつある。ひとつは集落の諸行事である。すでに述べたように湧き水の場での行事がかなりあるが、それは水道を使ってするわけにはいかないからだろう。もっとも数は少ないものの水がたいへん汚れているという意識をもっている人たちの間では、正月の若水など家庭内の行事は水道の水で済ませる人も出てきている。変化の少ないもうひとつは、子どもの水遊び場としての利用である。とりわけ、嘉手志ガーがそうである。ただ、仲村渠ヒージャーでは子どもの遊ぶ機会はほとんど消え去っている。

(2)ユーザビリティ分析の有用性

さて、以上のようなことをどのように考えるべきであろうか。それをユーザビリティ（使い勝手の良さ）という用語を使って分析しようと思う。この概念はアカデミックなレベルでは最近、人間工学や認知工学でよく使われている。また実践的な意味では製品のユーザビリティが厳しく問われ、各企業もユーザー（消費者）の立場に立って製品をつくるという経営戦略が最近はとみに強くなってきている。[9] 言葉を換えれば、そのような社会的要求があって、それに応えるために人間工学などが理論的な分析をはじめたと言えよう。

ではなぜ、この用語がわれわれにとって有益と考えるのであろうか。ユーザビリティという概念はまず「製品」というハードがあり、それをどのようにすれば「消費者」にとって「使いやすい」か、という構成になっている。この湧き水施設はハードである。そのための分析概念としてこのユーザビリティは有用であると思う。ただ、「使い勝手の良さ」（ユーザビリティ）をそれぞれの学問分野が自分たちの関心に照らして少しずつ変形したように、地元の立場から考えたいため、消費者という視点を少しずらして、「地元ユーザビリティ」という概念を使いたい。

ユーザビリティ論の研究でわれわれの関心からして興味深いのは、その製品が見捨てられるのは、その製品が時代遅れとなり使い勝手がよくないという「製品側の責任」は半分あるとしても、「使う側の責任」もまたあるという指摘である[10]。

分かりやすい例を出せば、小学生のときにもらってうれしかった電車の形の目覚まし時計が見捨てられようとしているとしたら、それは時代が経ってもっと使い勝手のよい製品が出てきたので見劣りがするという製品側の問題もあろうが、「高校生にもなって電車の目覚まし時計はないだろう」という使用側の変化（この場合は自分はもう子どもではないという意識変化）もある。

また、ユーザビリティ論のひとつの長期的ユーザビリティの研究は、製品の利用開始初期においてはその評価が高く、だんだんと陳腐化していくというモデルがある[11]。これはつい新しい製品を購入してしまうわれわれには経験的によく分かることである。

この二つの指摘を参照しつつ、どのような整理と説明ができるだろうか。まず、後者の長期的ユーザビリティの研究の指摘からであるが、上水道は新しい近代的な設備で、湧き水施設は伝統的としばしば形容するように古いものである。そうすると、地元の人たち（消費者にあたる）は上水道を高く評価し、湧き水施設を陳腐なものと受け取る性向があるのであって、これは私たちの施設（製品）に対するときのクセともいえよう。すなわち、クセなのであって、客観的事実ではない。したがって、いまは新しい設備である上水道をよいと信じがちなのである。しかしこれも将来、陳腐化する可能性をもっているといえよう。

前者の「製品側の責任」と「使う側の責任」という問題を整理してみよう。製品側の責任すなわち、湧水施設側の責任のもっとも強い要因は、水の汚染である。見た目はきれいだけれども、米軍施設、ゴルフ場など、山側の開発により、汚染物質が入ってしまっている。これは原則的には集落の力を超えた課題であり、本来は行政が取り組むべきものであるが、政治的・経済的問題があってまったく取り組めていない。それと水運びなどの過大な労力がいる（これは簡易水道の設置という形での〝製品改良〟の方法が採用されているところもある）ところが〝製品〟としての欠点であった。

しかし、このユーザビリティ論のおもしろいところは、「使う側の責任」という視点のあるところである。自分たちが変わったのだ。では、どう変わったのだろうか。大きくいえば、設備の近代化を受け入れたということだろうが、こと上水道に関する限り、聞き取りによると、地元の熱望よりも行政が〝勝手に〟上水道を造って、これを使えと言ってきたニュアンスが強い。ただ、他の近代的な機具である洗濯機や風呂のボイラーなどは上水道に適合的である。もっとも、集落の諸行事などは自分たちの変わらないところである。とすると、どうも「使う側の責任」の方はさほど大きくないように判断される。

評価をしてみる

表5—1は代表的なユーザビリティ論の研究者、黒須正明によるユーザビリティの要件を下敷きにして、本章の目的に合わせて変形したものである[12]。じつはユーザビリティの要件にも統一した見解はない状態であ

表5—1　地元ユーザビリティから見た評価

ユーザビリティの要件	上水道	湧き水施設
1　有効さ	2	1
2　効率	2	0
3　満足度	1	1
4　費用	1	2
5　生活充実度	1	2
6　環境・景観	0	2
総計	7	8

る。黒須はまず、製品規格の国際基準を定めるISO9241-11:1998（JIS Z8521:1999）にのっとって、表の上の三つ、すなわち、有効さ、効率、満足度をあげる。それに黒須は内外の他の研究者の要件を紹介しており、そこに新しい要件としての費用と感性的受容性が見つかるが、「感性的受容性」を本章の地元のユーザビリティという考え方からすれば「生活充実度」と変形をした方がよいと判断した。また、ユーザビリティ概念は広がりつつあり、実際に使われる環境が意識されているようである。その傾向をふまえて、水利用施設という地域性（地元性）の強いものであるから「環境・景観」を加えた。そのような六つの要件を成立させたうえで、前節の三つの施設の記述にもとづいて、目安として筆者自身が仮の点数を入れてみた。評価の高いものを2点、低いものを0点にしたのである。そうすると、総計では、湧き水施設の方が8点で、上水道が7点となった。この点数だけ見ると、湧き水施設の方が、ユーザビリティが高いといえるが、もちろんこれは筆者の点数であって人によって若干点数が変わろう。ただ、このような仮の点数からでも、この六つの要件で考えた場合、両者の評価はさほど変わらないということは言えよう。

このように伝統的な湧き水施設および上水道施設と、それらの利用とを、集落内の行事や地元の人たち相互のコミュニケーションなどの生活充実度、および環境・景観を含めた地元ユーザビリティの要件で比較した場合、この二つの施設のうちの、どちらかが際だって地元に受け入れられているというわけではないことが分かる。これを上水道の固有の機能（例えば飲用や洗い）のみに限って比較した場合は、上水道の方が機能合理的であるというよい評価を与えることができるだろう。水道局などが推進する水道化の発想は、上水道からの視点にすぎないといえよう。とすれば、現在進行中の湧き水施設の公園化といういわゆるモダンな選択に対して、湧き水施設そのものをもっと生かす地元ユーザビリティという視点に立った施策があり得るのではないかという助言は有効性をもつように思える。

注

1　この指摘は数多くあるが、ICWE.UNVED（一九九二）もその代表的な文献のひとつであろう。

2　この辺りでは、ひとつの集落でも、通常は一〇以上の泉やカーがあることが普通である。たとえば与座集落（糸満市字与座）では有名な与座ガー以外に、フルガーやカミガーなど一六のカーがあることが地元の資料（『与座の歩み』二〇〇二）で分かっている。

3　標高九〇メートルのところにあり、石灰岩の地下水路四箇所から、水量5.1/secという大量の湧出がある（南部振興会、一九六九）。

4　アンケート紙を使用しての悉皆調査を行ったが、高齢者世帯で病院に入院中だとか、共稼ぎ世帯で留守がちであるとかなどの理由で回収率は三二%となった。それでもおおよその傾向は知ることができよう。また、中心部とは主に旧集落の人たちを指し、その周辺は開発などによって、アパートなどが建設され、地元と関係が薄く、居住年数の短い人たちが住んでいる。

5　この三つの種類の使いわけの家数は厳密には出にくい。上水道を引いていてもまったく使っていない家があるのと、すべての家を調べられなかったからである。おそらく区長所有の書類によったものであろうが、垣花全域のこの三つの割合は分かっていて上水道だけが三七軒、両方接続が一五軒、簡易水道だけが四九軒である（手登根健、二〇〇七）。ただ垣花集落の周辺部のアパートなどは簡易水道を引かせてもらう権限がなく、上水道だけになっており、逆に中心部は簡易水道だけの家が少なくない。

6 この水汲みの重労働については瀬川清子の次のような記述がある。「九州の天草島に近い海岸の村の有名な弘法井戸の側の家に厄介になった時、水汲みに集まる婦人たちが、水桶をかついで坂をのぼって行くのをみて、こうした日々の苦行を一生つづけなければならないとしたら、結婚条件のひとつとして考慮しなければならないであろうと思った」（瀬川、一九八二、二二四頁）。

7 この水質調査は早稲田大学鳥越研究室による調査である。本書の水質の数値はすべてこれによる。

8 この泉水の発見と犬との関連の深さは、一九二三（大正一二）年の折口信夫の「沖縄再訪記」にも記されている（一九九七年、一九二頁）。

9 ユーザビリティの定義にはまだ幅があるが、国際規格のISO 9241-11では、ユーザビリティを「特定の利用状況において、特定の利用者によって、ある製品が、指定された目標を達成するために用いられる際の、有効さ、効率、利用者の満足度の度合い」と定義している。またISO 13407でユーザビリティの規格が制定されている。

10 この発想は安藤昌也（二〇〇七）から学んだ。

11 安藤昌也、二〇〇七、四三頁。

12 黒須正明二〇〇三、一頁〜八頁。

参考文献

安藤昌也　二〇〇七　「長期的ユーザビリティの動的変化」『文化科学研究』（総研大）三号。

ICWE.UNCED編　一九九二　『二一世紀の水環境』大成出版社。

沖縄総合事務局開発建設部建設行政課　一九八四　『沖縄と水』。

沖縄の土木遺産編集委員会編　二〇〇五　『沖縄の土木遺産』沖縄建設弘済会。

折口信夫「沖縄再訪記」（『折口信夫全集』一八、中央公論社、一九九七、所収）。

黒須正明　二〇〇三　『ユーザビリティテスティング』共立出版。
瀬川清子　一九八二　『村の民俗』岩崎美術社。
玉城村役場企画財政室編　一九九七　『玉城村グスクとカー』。
玉城村役場企画財政室編　一九九七　『水の郷』沖縄県玉城村。
手登板健　二〇〇七　「湧き水に対する住民の利用実態と意識についての研究――垣花集落を事例として」琉球大学工学部清水研究室、卒業論文。
南部振興会　一九六九　『沖縄本島南部水源調査報告書』。
古川博恭・加藤祐三　一九八八　「地盤と地下水」池原貞雄・加藤祐三編『ニライ・カナイの島じま』築地書館。
ユニバーサルデザイン研究会編　二〇〇八　『人間工学とユニバーサルデザイン』日本工業出版。
与座区自治会　二〇〇二　『与座の歩み』糸満市字与座区自治会

6 震災後のまちづくりの方針転換
——富山県黒部市、長崎県島原市、滋賀県高島市

(1)自治体の考え方の変化

二〇一一年の東日本大震災後、かなりの数の地方自治体が自分たちの考え方を改めた。成長路線を捨てて、住民の身近な生活の充実へと向かいはじめたのである。

市町村などの自治体が、これまでも住民の生活を第一に考えて、さまざまな施策を真摯に実行してきたことは事実である。けれども、住民の「生活を第一」というとき、住民の身の丈にあった身近な生活というよりも、地域の発展の方に比重がかかっていた。

すなわち、施策としては、工場や企業の誘致、商業施設や娯楽施設の誘致、また大規模な住宅団地の建設などをおこなう。そのことによって、住民たちの仕事先がみつかるし、自治体としても財政が潤う。結果、住民の生活がゆたかになるという論理の構成になっていたのである。その目に見える指標としては、人口の増大をはかるというものであった。

そこにはひとつの落とし穴があった。地域の自然環境や生活環境の破壊である。とりわけ水の汚染がひどかった。そのために、多くの自治体は川やせせらぎを暗渠化（蓋をする）して、住民の目から水の汚染を隠し、悪臭を感じさせないようにした。

けれども、そんな便宜的な対応ではどうしようもないものであるし、便宜的と考えてしたことが、元にもどすことができないほどに変形をしてしまったところもある。東京都内の各地域は川やせせらぎや湧き水の多いところであったが、そこでは暗渠化された川を元に戻すことはとてもむずかしい。文部省唱歌の「春の小川」は東京の代々木あたりにあったのであるが、それも暗渠化されてしまった。暗渠を外せという住民の声があっても、まだ一ヵ所も実現されていない。そのもっとも大きな理由は、川の上を道路にしてしまったので、その道路をなくすと自宅に出入りできない住宅が生じたからである。

こうした自然環境の破壊や、まちのコンクリート化、生活としてのゆとりの喪失などをまのあたりにして、たしかに国や地方自治体は既存の施策に少しずつ反省を加えはじめた。だがその多くは価値観そのものの変革ではなかったので、表面は少々変わっても、いわゆる公共事業型のままであった。

水でいえば、行政は住民の要望に応えてという形をとりながら、「親水公園」をつくるのが大好きである。国からの補助金が得られやすいからである。この「親水公園」の一部には、強すぎる表現かも知れないが、病的ともいえる構造のものがある。たとえば、まず汚染された川を暗渠化する。川の上に蓋がかかるので、コンクリート化された平地ができる。その上に土をおいて土手をつくり、植栽を行う。そこに浄水場からの処理された水のせせらぎをつくったり、小便小僧や鶴などの水を出す像を中心にして噴水池をつくったりする。その池の水は水道水であるのがふつうである。これは東京都のある区の例を具体的に思い出しながら述べたものである。

すなわち、親水公園の下を流れている川の水は汚く、それを使わず別の水を使い、川のすぐ近くだから、それを〝親水〟公園とよぶのである。これを病的と呼ぶのは、どう考えても、親水の本来のあり方と離れているからである。川の水の汚染を防ぎ、その川に住民が近づきたくなるほどの水質を保つのが本来であるのに、いま言ったような構造の親水公園にすれば、さらに水が汚染されていっても、行政も住民も「我関せず」となり、汚染された水は大きな川に流入して、その大きな川を汚し、最終的には海を汚す。このような親水公園づくりは現在でも進行しつづけている。

だが、ここにいたって、こうした公共事業として認められやすい便宜的な方法を選択する方式に疑問を呈する自治体が増えてきた。とりわけ、二つの大震災後がそうである。現在、日本の社会全体を見回してみると、地域社会自体があらたな社会建設ができておもしろくなるのか、あるいはくだらない方向に転落するのか、いまだ少しばかり判断しにくい段階にあるといえるだろう。それだけに、注意深くありたい。

(2)ガーバナンス・コミュニティ

人口増で示されるような地域の発展。こうした発想が有力な考え方として存在しつづけてきたのは確かである。けれども現在は、そこから抜け出す発想の地域住民がまちがいなく増えてきた。かれらは「地域の生活の充実」が本来だろうとみなしており、その活動に「まちづくり」という名称を冠することが多い。このまちづくり活動の中心を担っているのは、若い人はあまりいなくて、中高年の人たちである。そうなるひとつの原因は、かれらはその地域が味気ない形に変形されていく前の景観や、地域の親密な人間関係を知っているからであろう。とりわけ震災後に増えてきた自治体の方針転換は、この「まちづくり活動」と同じ目標をもつことになり、両者が価値観を共有して手を結ぶことになった。

この行政とまちづくり活動の人たちとが連携する実体を、私は「ガーバナンス・コミュニティ」(governance community)と呼んでいる。ガーバナンスというようなカタカナはなるべく使わない方がよいが、これは国際的にも現在社会の傾向を反映している言葉である。政府のことを英語でガーバメント(government)とよぶことは知られているが、ガーバナンス(governance)は「統治」とか「協治」などと訳されている。政府が地域社会の統治を独占していたのであるが、アメリカの政治学者のローズノー(J.Rosenau)は、もはやガーバナンスは政府だけが独占する時代は終わり、さまざまなアクターが役割を演じると指摘した。この現象は日本でもあてはまるのである。研究者によってさまざまな解釈があるガーバナンスの概念であるが、

写真１　きれいに整頓された水場（黒部市生地）

ここでは「地域管理のための合意決定システム」と定義しておこう。この合意決定には、地方自治体だけではなくて、まちづくり協議会や、NPO、自治会などさまざまなアクターが参加するようになってきた。

(3)町内会とボランティア

水にかかわるまちづくりで、さりげなくて、それでいて魅力を感じる場所は多い。私が魅力を感じた場所のひとつは富山県黒部市の生地《いくじ》である。多くの観光客が訪れるわけではないが、主婦を中心としたボランティア・グループが店を出して地元の名物「水だんご」などをつくり、訪問者を楽しませてくれている。ここは各所に湧き水の洗い場があり、賑やかではないけれども、飲用や洗濯でそれを使う人たちがいる。毎日きれいに掃除されていて気持ちがよい。少しレトロな感じで、まち全体の雰囲気が落ち着いており、人びとが親しみぶかい。これは地元の町内会などの組織にボランティア活動が加わっているものである。これと類似の活動は、長崎県島原市の浜の川湧水もそうであり、こうしたパターンは全国的に多い。

(4)島原市の浜の川湧水

この浜の川は1章でも少しふれた。ここでは湧き水の管理は町内会でおこなわれている。島原市では市内各地の湧き水に、観光として、また市の歴史的・文化的財産としての支援をしている。だが、浜の川湧水でいえば、とくに行政が関与することなく、伝統的にこれを使ってきたということである。したがって、洗い場における日頃の掃除も年に一度の大掃除も、すべて町内の人たちでおこなっている。アクターは町内会だけであるといってもよいが、市がやや距離をおきながらも支援をしているという状態であろうか。前章までに紹介した事例では、アクターとして行政が強かったので、アクターとして地域住民の強いふたつの例を紹介しよう。ひとつがこの長崎県島原市の浜の川湧水である。

浜の川湧水のある島原市船津地区はかつての漁村であり、いまは住宅地の様相を呈している。浜の川湧水では、湧水の広場を流れる水を多くの人が使っている。湧水地によくみられる水神さまの小社もあり、そこは清楚で丁寧に手入れが行き届いている。朝方には手を合わせている人の姿をみることができる。

広場に面して、数年前までは島原名物の「寒ざらし」とよばれるダンゴをつくる店があり、ここの湧水を使ってつくった「寒ざらし」はうまいという評判であったが、それをつくっていたおばあさんが亡くなって、店を閉めてしまった。けれども、浜の川の人のなかには、今日は息子が帰ってくるので、この水を使って「寒ざらし」をつくるのだと話すおばあちゃんがいた。うまい「寒ざらし」は湧水でないとだめらしい。島原城近くの観光客相手の大きな和食の店でも「寒ざらし」を出しており、それには湧き水を汲んでつくっているという説明がつけてある。

数年前、私の研究室で調べたところ、ある一日における浜の川湧水の利用は一二九人にのぼった。ほとんどが歩いて三分以内の近所の人たちの利用であり、地元のほぼ全員がこの湧き水を利用しているといってよい。

利用は、飲用、食品・食器の洗い、洗濯、その他の汚れ物の洗いなど多様である。なお、魚の処理などは、少し離れたせせらぎで洗うことになっている。また、赤ん坊のおしめなどとても汚れているものは、オシメ川とよばれる小川の、海に流入する手前で洗うことになっている。

表6—1　水質分析結果表（島原市船津地区浜の川湧水）

2009/9/23,24 サンプリング実施　9/24,25 分析　早稲田大学鳥越研究室

採水 ポイント	T − COD (mg/L)	T—N (mg/L)	T − P (mg/L)	水温 (° C)	透視度
①洗い場	0.8	2.29	0.086	17.0	50cm 以上
②洗い場	0.8	1.94	0.069	17.0	50cm 以上
③洗い場	0.9	1.98	0.048	17.0	50cm 以上
④洗い場	1.0	2.28	0.039	17.0	50cm 以上
⑤オシメ川	3.8	1.92	0.128	22.0	50cm 以上
⑥溝下流	8.2	0.68	0.153	24.0	未測定
⑦溝下流	19.4	1.85	0.429	18.0	50cm 以上

注：⑥と⑦内海に流れ込む 2 本の水路で測定

ここの湧水はかなり規模が大きく、また使用用途ごとにきれいに区分けをされているので、**表6―1**でこのような湧き水の水質を示しておくことにしよう。この表の左端の①②③④は**図6―1**「浜の川湧水見取り図」のなかの数字と対応している。

図6―1の右の水源から、湧き水が出て、まず①に入る。ここは飲み水を得る場所であり、順次、食器の洗い場や洗濯場などにつながっていく。じつは表6―1をみると、COD（水中にどれだけ有機物が含まれているかを知る水質汚染指標）や全チッソ（T-N）や全リン（T-P）の値に①②③④の間に注目すべき差がない。これはややめずらしいことで、通常はこのなかの下流に行くほど汚染度が高くなるために、洗う場所（飲み物から汚物を洗う場所まで）が厳格に決められているのである。このように差が少ないのは、実は水源からの水の流入量が多いために、こうなっているのである。それほどにここは豊富な水量を誇っている洗い場なのである。⑤は排水溝の先のオシメを洗う場所であり、有機物が多くなっていることが表6―1から分かる。

④の洗い場から水は外に出て、溝になり、それは海に至る手

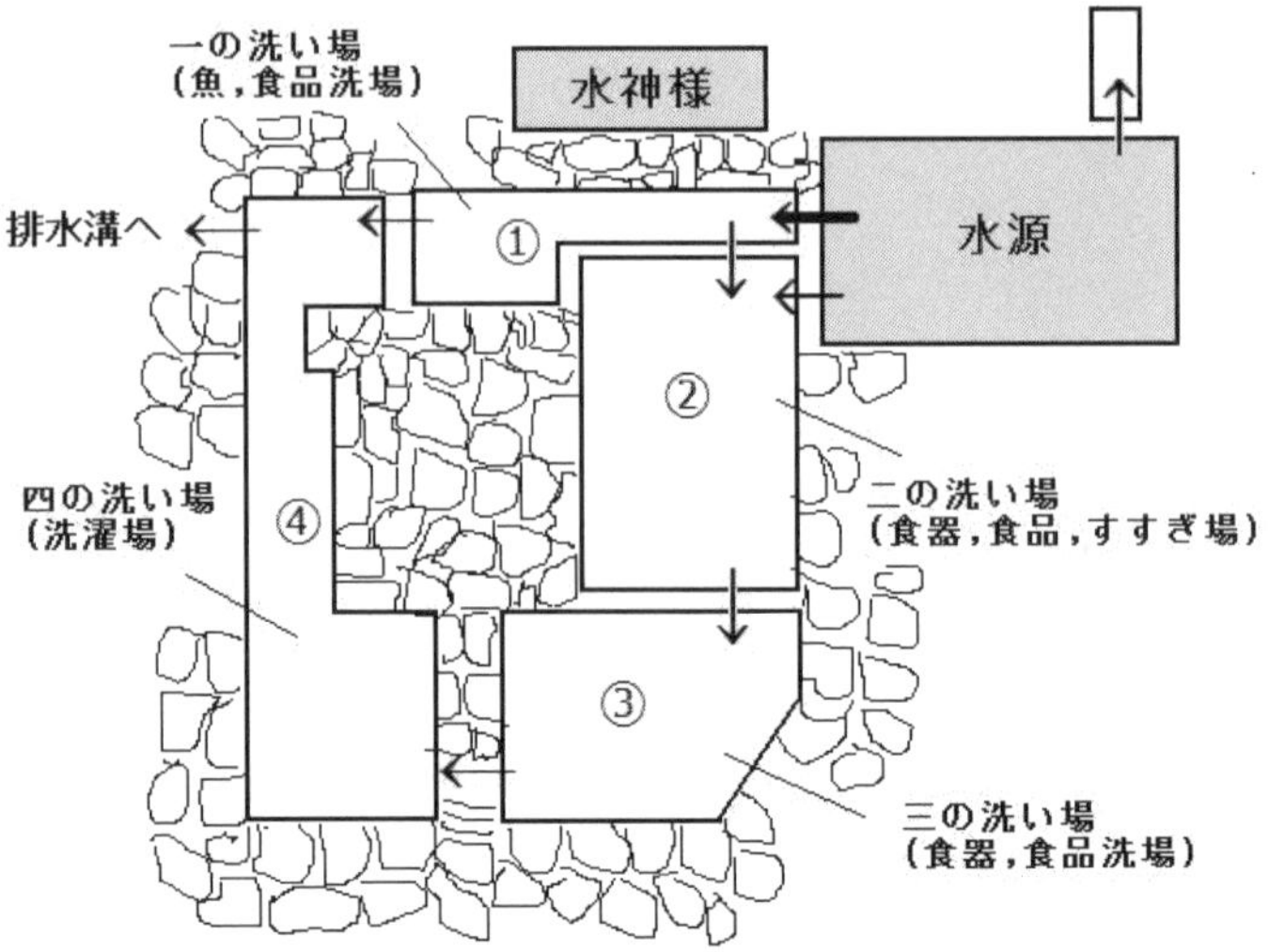

図6—1　浜の川湧水見取り図

写真2　ままごと遊び

前で⑤のオシメ川となっている。④と⑤の間の溝は**写真2**にみるようにままごと遊びをする遊びの場所となっている。

この地区にはすでに水道が通っているが、聞き取りによると、水道は有料でもあるし、あまり使わないといっていた。飲用でいえば、生水のうまさだけではなくて、コーヒーやお茶にうまいとか、ウイスキーの水割りにはこれを必ず使うとかいう人もいた。すなわち、水道水に比べてうまいのである。また、洗濯機で水道水を使って洗濯する人も、最後の洗いはこの湧き水を使うといっていた。肌によくなじむのだという。そしてなによりも、この洗い場にくると、誰かがいて、雑談ができる楽しみがあるという。

観光客など外部の人たちはまだ目立つほどには訪れていない。ただ、地元の感覚でいえば、いままでふつうに使っていたのであるが、だんだんと注目されるようになり、水を使っているときも観光客に眺められるようになり、ややきまりの悪い気持ちがないわけではないという現状である。それに対して、二五頁でも少しふれた滋賀県高島市針江集落は、観光客とうまくつきあう方法をみつけた集落である。

⑸滋賀県高島市針江集落

針江集落は戸数およそ一七〇戸の農業集落である。琵琶湖に面した一見なんの変哲もないありふれた集落といえよう。けれどもこの集落に、年間一万人近い人たちが訪問している。その契機となったのは、平成一六(二〇〇四)年にNHKのドキュメンタリー番組で、ここの水をめぐる風景やカバタ(川端)とよばれる台所が紹介されたことによる。

カバタは現在ではめずらしくなったが、過去には日本の各地でみられた。それはカワとよばれる水の近くに

写真３　カバタ　水を飲むために立ち寄る

ある台所の小屋である（外カバタ）。母屋の一部に小流れの水が流入するようになっていたり、母屋の建物の地下から水が湧き出しているばあいは、小屋ではなくて、母屋のなかのひと部屋として台所があるばあいもある（内カバタ）。針江では外カバタと内カバタの両方がある（一七〇戸のうち、一一〇戸ほどがカバタを利用している）。

　カバタは個人の家にある私的な空間である。観光客のなかには、遠慮なくこの台所をのぞき込む人たちが少なくなく、ゴミをすてる人もいた。これは針江の人たちにとっては困ったことである。だが、ここの人たちが優れていたのは、自分たちになんらの利益をもたらさない観光客を単純に拒絶するのではなくて、集落内で地元にも迷惑が少なく、観光客にも喜ばれるくふうをしたことである。

　集落では、話し合いの結果「針《はり》江《え》生水《しょうず》の郷委員会」を立ち上げた。そして案内人をつけることで、プライバシーを守る問題を解決した。委員会ではつぎのような説明をしている。

「川端は各家庭の台所として今も利用している場所です、プライベートエリアを見学して頂きます。針江地区では見学に来られる方に生水の郷委員会のガイドが付いてゆっくり見学して頂きたいと思っています。かばたは各家庭の敷地内にあり、ことわりなしに立ち入る事はできません。また公道から中を伺い知ることはできない状況です。生水の郷委員会では各ご家庭のご事情も考慮の上、見学の了解を頂いたご家庭のみを、お越し頂いた皆様にご案内しています。ぜひご理解、ご協力お願い致します。前日までに必ずご予約下さい。（各家庭のご都合やボランティアガイドの手配など必要となります）」。

このような説明をして、千円の見学料をとっている。針江では訪問者を観光客と呼ばずに見学者とよんでいる。それはつぎのような経緯による。私の研究室の院生（現在、法政大学准教授）野田岳人さんの聞き取りがある。

「突然、人がやってきましたので、まず、子どもの安全が心配でした。しだいに住民の方々からカバタが荒らされるのではないかということや、戸締まりの心配の声があがりました。ただ、せっかくお客さんがおみえになるのにケンカして帰ってもらうのは申しわけない。それならば、針江の住民がお客さんについて案内をさせてもらおう、ということになりました。ただし、針江を決して観光地にはしたくないというおもいがありました」。

「針江生水の郷委員会」には、集落の人の全員が入っているわけではない。戸数でいえばおよそ半数である。委員会はいわば集落のなかのＮＰＯである。集落には自治会があり、この自治会が日本の多くの集落と同じように、カバタに流入出する水のカワ筋の清掃などを担当している。すなわち、自治会が集落の基本的な環境保全の責任をもっているのである。

生水の郷委員会はそのことを理解していて、案内料収入の一部を自治会に還元している。また、委員会は集落外の人たちに対しても葦刈りや清掃活動への参加を呼びかけている。このようにして、きよらかな小川が流れつづけ、とても活気のある集落が登場したのである。清掃活動などには市は関与するが、この活動は全面的に集落、とりわけ集落内のＮＰＯの活動である。

⑹あたらしい時代の水についてのまちづくり

現在、わが国では、水の汚染がつづいている。それぞれの地域で工夫をすれば、この傾向をくつがえせると思う。たしかに上水道施設をつくらないと対応できない地区が存在する。けれども現在、上水道施設があっても、将来的にはできるだけ努力をして地元の水を使うことを検討してもらいたいものである。水の汚染をできるだけ防ぎ、健康でおいしい水を多くの人が飲めるようにするためには、可能な限り地元の水を飲む政策を推進しなければならない。

地元の水を飲むようになれば、人びとも行政も、自分たちの生活からの排水に注意をするし、地元の産業排水や農薬の汚染の問題などに真剣に取り組むようになる。各地域で排水に注意をすれば、よそからの水に依存する上水道もきれいになるのである。

結論的にいえば、そのためには「水のまちづくり」活動が不可欠であるし、もっとも適切な方法でもある。他人まかせではなくて、自分たちの地元の水は自分たちで管理し、自分たちで利用しようという気持ちが大切である。また、他の地域の水を利用せざるをえないばあいは、その地域の人たちの生活に心を致す必要があろう。

水の汚染が進んでも、いつか技術が解決するという考え方は楽天的に過ぎる。山の方にダムをつくることは典型的な自然環境破壊であるし、大きな川からの取水である水道は、かなりの塩素を投入しても、よい水とはいえない。大規模な濾過施設というような技術は余計な電力エネルギーを必要とするし、副次的にしか利用できないものなのである。東日本大震災で経験したように、原発という大規模な高度技術施設が、各地元でつくることのできる自然エネルギーを生かした発電に必ずしもまさっていないという事実に心づいたはずである。この心づきを大切にしたいものである。[1]

現在、行政と住民が同じ方向を向き始めた地域がふえてきて、両者の協治から成り立つガーバナンス・コミュニティがあたらしい傾向としてみられると指摘した。この傾向を大切に育てつづけたいものである。

注

1　本書では日本で上水道をつくっていない自治体として、北海道東川町と熊本県嘉島町、福島県川内村の三カ所であるといいながら、福島県川内村についてはまったくとりあげなかった。じつは川内村は福島原発から三〇キロ圏内にある自治体であったので、地元コミュニティとしては甚大な原発災害を被った。その被害の実情は鳥越皓之編著『原発災害と地元コミュニティ——福島県川内村奮闘記』(東信堂、二〇一八)でまとめた。現在、地元の水に含まれる放射線量の評価はさまざまであり、本書ではあえてとりあげなかった。

参考文献

中村良夫・鳥越皓之共編　二〇一四　『風景とローカル・ガバナンス——春の小川はなぜ失われたのか』早稲田大学出版部。

James Rosenau 1999 "Toward an Ontology for Global Governance," in Martin Hewson and Timothy J. Sinclair (eds.), *Approaches to Global Governance Theory*, Albany, NY: State University of New York.

あとがき

水に対する政策は、あきらかに遅れている。ガソリンよりも高いペットボトルの水を私たちは毎日平気で飲んでいる。五〇年前の人が聞いたらビックリ仰天だろう。

なんでこんなことになったのだろうか。河川の水（表流水）が汚れ、地下水も汚染途上にある。それを技術でカバーしようというのが、とりあえずの解決策であるが、それは湧き水ほどには健康的でおいしくはならないし、なんといっても莫大な費用がかかる。

本書はその改善の方向へ向かおうということで、まちづくり活動に期待をしている。まちづくり活動はそれぞれの地元に住む人びとの価値観も変えてくれる力があるのが頼もしい。

おそらく、百年か二百年先には、現在の上水道システムや巨大な下水道システムに代わって、本書でいう地元コミュニティの水を使う考え方が原則的に取り入れられるだろう。下水道も個別の家庭、個別のコミュニティが責任をもつようになるだろう。けれども怖いのは、それでは遅すぎて、うまく汚染の修復ができないかもしれない。もっとはやく人びとは水の問題に意識を向けるべきだ。

あるいは農作物がそうであったように、健康問題から水の問題に気を配ってくれる人々が登場するかもしれない。一九九〇年代、有機農業運動は子供や家族の健康を考える主婦たちが大きな力となった。二〇二〇年代は、まちづくりによって、きれいな水を大切にする活動が、もしかしたら生まれるかもしれない。現在、親水公園とまちづくりは結びついた。もう一歩先を歩めないものか。

なお、本書は雑誌『まちむら』一一七号〜一二一号（あしたの日本を創る協会、二〇一二〜二〇一三年）に連載したものを基盤にし、それにあたらしい章を作ったりして、大幅に書き加えたものである。また5章は「湧水利用と地元ユーザビリティ」（『日本民俗学』二五七、二〇〇九）を加筆修正したものである。

著者紹介

鳥越　皓之（とりごえ　ひろゆき）

1944年生まれ。
東京教育大学（現 筑波大学）大学院文学研究科修了。
文学博士（筑波大学）
関西学院大学教授、筑波大学教授、早稲田大学教授を経て
現在　大手前大学学長・早稲田大学名誉教授
専門：　社会学、地域政策

主要著書
『トカラ列島社会の研究』（1982年、御茶の水書房）
『家と村の社会学』（1985年、世界思想社）
『沖縄ハワイ移民一世の記録』（1988年、中央公論社 新書）
『地域自治会の研究』（1994年、ミネルヴァ書房）
『環境社会学の理論と実践』（1997年、有斐閣）
『柳田民俗学のフィロソフィー』（2002年、東京大学出版会）
『花をたずねて吉野山』（2003年、集英社 新書）
『環境社会学』（2004年、東京大学出版会）
『サザエさん的コミュニティの法則』（2008年、NHK出版 新書）
『水と日本人』（2012年、岩波書店）
『琉球国の滅亡とハワイ移民』（2013年、吉川弘文館）
『歳をとってもドンドン伸びる英語力』（2016年、新曜社）
『自然の神と環境民俗学』（2017年、岩田書店）

主要編著著
『民俗学を学ぶ人のために』（1989年、世界思想社）
『景観の創造』（1999年、昭和堂）
『環境ボランティア・NPOの社会学』（2000年、新曜社）
『霞ケ浦の環境と水辺の暮らし』（2012年、早稲田大学出版部）
『原発災害と地元コミュニティ』（2018年、東信堂）
『生活環境主義のコミュニティ分析』（2018年、ミネルヴァ書房）

コミュニティ政策学会監修

まちづくりブックレット　4

地元コミュニティの水を飲もう――ポストコロナ時代のまちづくりの構想

2021年12月20日　　初　版第1刷発行　〔検印省略〕
定価は表紙に表示してあります。

著者©鳥越皓之　／発行者 下田勝司　印刷・製本／中央精版印刷

東京都文京区向丘1-20-6　郵便振替 00110-6-37828
〒113-0023　TEL (03) 3818-5521　FAX (03) 3818-5514
発行所 株式会社 東信堂
Published by TOSHINDO PUBLISHING CO., LTD.
1-20-6, Mukougaoka, Bunkyo-ku, Tokyo, 113-0023, Japan
E-mail : tk203444@fsinet.or.jp　http://www.toshindo-pub.com

ISBN978-4-7989-1599-9 C0336

東信堂

まちづくりブックレット

1 自治会・町内会と都市内分権を考える　名和田　是彦　一〇〇〇円
2 宮崎市地域自治区住民主体のまちづくり　宮崎市地域振興部地域コミュニティ課 地域まちづくり推進室　一〇〇〇円
3 横浜の市民活動と地域自治　石井大一朗編著　一〇〇〇円
4 地元コミュニティの水を飲もう —ポストコロナ時代のまちづくりの構想　鳥　越　皓　之　一〇〇〇円
5 熟議するコミュニティ　伊　藤　雅　春　一〇〇〇円

コミュニティ政策叢書

1 日本コミュニティ政策の検証 —自治体内分権と地域自治へ向けて　山崎仁朗編著　四六〇〇円
2 高齢者退職後生活の質的創造 —アメリカ地域コミュニティの事例　加　藤　泰　子　三七〇〇円
3 原発災害と地元コミュニティ —福島県川内村奮闘記　鳥越皓之編著　三六〇〇円
4 自治体行政と地域コミュニティの関係性の変容と再構築 —「平成大合併」は地域に何をもたらしたか　役重　眞喜子　四二〇〇円
5 さまよえる大都市・大阪 —「都心回帰」とコミュニティ　鯵坂学・徳田剛・西村雄郎・丸山真央 編著　三八〇〇円
6 地域のガバナンスと自治 —平等参加・伝統主義をめぐる宝塚市民活動の葛藤　田　中　義　岳　三四〇〇円
7 地域自治の比較社会学—日本とドイツ　山　崎　仁　朗　五四〇〇円
8 米国地域社会の特別目的下位自治体 —生活基盤サービスの住民参加実際のガバナンス　前山　総一郎　三六〇〇円
9 住民自治と地域共同管理　中　田　実　三四〇〇円
10 自治体内分権と協議会 —革新自治体・平成の大合併・コミュニティガバナンス　三　浦　哲　司　三二〇〇円

〒113-0023　東京都文京区向丘 1-20-6　TEL 03-3818-5521　FAX03-3818-5514　振替 00110-6-37828
Email tk203444@fsinet.or.jp　URL:http://www.toshindo-pub.com/

※定価：表示価格（本体）＋税

東信堂

コミュニティ思想と社会理論	橋本和孝	二七〇〇円
地域社会研究と社会学者群像—社会学としての闘争論の伝統	橋本和孝・吉原直樹・速水聖子 編著 / 橋本和孝	五九〇〇円
シカゴ学派社会学の可能性—社会的世界論の視点と方法	宝月誠	六八〇〇円
正統性の喪失—アメリカの街頭犯罪と社会制度の衰退	G・ラフリー / 宝月誠監訳	三六〇〇円
歴史認識と民主主義深化の社会学	庄司興吉編著	四二〇〇円
主権者の社会認識—自分自身と向き合う	庄司興吉	二六〇〇円
主権者の協同社会へ—新時代の大学教育と大学生協	庄司興吉	二四〇〇円
地球市民学を創る—地球社会の危機と変革のなかで	庄司興吉編著	三二〇〇円
社会学の射程—ポストコロニアルな地球市民の社会学へ	庄司興吉	三二〇〇円
再帰的＝反省社会学の地平	矢澤修次郎編著	二八〇〇円
社会的自我論の現代的展開	船津衛	二四〇〇円
ハーバーマスの社会理論体系	永井彰	二八〇〇円
丸山眞男—課題としての「近代」	中島道男	二四〇〇円
ハンナ・アレント—共通世界と他者	中島道男	二四〇〇円
観察の政治思想—アーレントと判断力	小山花子	二五〇〇円
未来社会学 序説—勤労と統治を超える	森元孝	二〇〇〇円
理論社会学—社会構築のための媒体と論理	森元孝	二四〇〇円
貨幣の社会学—経済社会学への招待	森元孝	一八〇〇円
階級・ジェンダー・再生産—現代資本主義社会の存続メカニズム	橋本健二	三二〇〇円
現代日本の階級構造—理論・方法・計量分析	橋本健二	四五〇〇円
人間諸科学の形成と制度化—社会諸科学との比較研究	長谷川幸一	三八〇〇円
現代社会と権威主義—フランクフルト学派権威論の再構成	保坂稔	三六〇〇円

〒113-0023　東京都文京区向丘 1-20-6　TEL 03-3818-5521　FAX03-3818-5514　振替 00110-6-37828
Email tk203444@fsinet.or.jp　URL:http://www.toshindo-pub.com/

※定価：表示価格（本体）＋税